Aufgabensammlung Werkstoffkunde

Wolfgang Weißbach · Michael Dahms

Aufgabensammlung Werkstoffkunde

Fragen - Antworten

11., überarbeitete und erweiterte Auflage

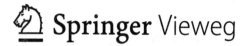 Springer Vieweg

Wolfgang Weißbach
Braunschweig, Deutschland

Michael Dahms
Werkstofftechnik,
Hochschule Flensburg
Flensburg, Deutschland

ISBN 978-3-658-14473-9
DOI 10.1007/978-3-658-14474-6

ISBN 978-3-658-14474-6 (eBook)

Die Deutsche Nationalbibliothek verzeichnet diese Publikation in der Deutschen Nationalbibliografie; detaillierte bibliografische Daten sind im Internet über http://dnb.d-nb.de abrufbar.

Springer Vieweg

Lektorat: Thomas Zipsner

Gedruckt auf säurefreiem und chlorfrei gebleichtem Papier.

Springer Vieweg ist Teil von Springer Nature
Die eingetragene Gesellschaft ist Springer Fachmedien Wiesbaden GmbH

Vorwort

Die Werkstoffkunde stellt eine Brücke her zwischen der Werkstoffwissenschaft und der praktischen Anwendung der Werkstoffe. Die Werkstofftechnik sieht in Abgrenzung zur Werkstoffkunde ihre Aufgabe im Umsetzen wissenschaftlicher Erkenntnisse in technische Anwendungen. Insofern kommt einem Lehrbuch in diesem Gebiet die Aufgabe zu, den theoretischen Hintergrund für Eigenschaften und das Verhalten der Materie bei technischen Verfahren darzustellen.

Diese Aufgabensammlung ergänzt das Lehrbuch. Sie vertieft Zusammenhänge des Lehrbuchs durch Übung und ermöglicht dem Lernenden einen Zuwachs an Verständnis. Der Lernprozess verlangt das eigene Durcharbeiten eines Stoffes, das unabhängige Bewältigen gestellter Aufgaben. Erst Aufgaben, für die nicht gleich die Lösungen gegeben sind, ermöglichen eine unabhängige Übung im Stoff und eine Kontrolle, ob und wieweit der Stoff verstanden wurde.

Die Aufgabensammlung folgt in Aufbau und Stoffauswahl dem Lehrbuch. Neben einfachen Zusammenhängen werden Fragen gestellt, die ein bereits vorhandenes Verständnis voraussetzen. Im Antworten-Teil des Buches finden sich neben den Lösungen auch die abgefragten Grafiken oder Rechenergebnisse. Damit gelingt es, den Grundlagenlehrstoff für die Zusammenhänge rund um den Werkstoff sicher einzuüben und für Prüfungen/Klausuren im Selbststudium vorzubereiten.

In der vorliegenden 11. Auflage wurde das alte Kapitel „Tribologische Beanspruchung und werkstofftechnische Maßnahmen" gestrichen, da es auch im Lehrbuch weggefallen ist. Anstelle dessen wurden mehr als 20 neue Fragen aufgenommen, insbesondere in den Kapiteln „Kunststoffe" und „Werkstoffprüfung", da diese in der neuesten Auflage des Lehrbuches die stärkste Überarbeitung erfahren haben. Am Ende der Aufgabensammlung befindet sich eine neue Übungsklausur, weitere finden sich im Internet unter www.springer.com beim Buch.

Dank gilt dem Lektorat Maschinenbau für die jederzeit konstruktive Zusammenarbeit und professionelle Unterstützung bei der Erstellung des Buches. Besonderer Dank gilt Katja Friedrichsen für ihre Mitarbeit bei der Umsetzung der neuen Gliederung.

Flensburg, April 2016   Michael Dahms

Hinweise für den Benutzer

1) Lehrbuch und Aufgabensammlung sind als Lehrsystem aufeinander abgestimmt.
2) Gleichartige Abschnitte in Lehrbuch und Aufgabensammlung tragen die gleiche Nummer.
3) Die Aufgaben sind an den Lernzielen für Fachschulen Technik orientiert.
4) Die Fragestellungen erwarten knappe Antworten, als Lösung werden keine „Aufsätze" verlangt.
5) Die Aufgaben folgen im Allgemeinen dem Lehrbuchtext, daher ist ein nahezu synchroner Lernfortschritt möglich.
6) Die Aufgaben enthalten z. T. Hinweise auf den Umfang der geforderten Antwort (in Klammern stehend).
7) Die Antworten enthalten Hinweise auf ergänzende Informationen in anderen Abschnitten des Lehrbuchs.

Inhaltsverzeichnis

Teil I
Fragen

1 Grundlegende Begriffe und Zusammenhänge

1.1 Gegenstand und Bedeutung der Werkstoffkunde

1 Eine Grobeinteilung der Werkstoffe geschieht nach ihrer Verwendungsart in zwei Gruppen. Nennen und erläutern Sie diese beiden Gruppen und geben Sie jeweils ein Beispiel.

2 Eine Grobeinteilung der Werkstoffe geschieht nach der inneren Beschaffenheit in drei Gruppen und deren Kombinationen. Wie werden die drei Gruppen genannt sowie die Kombinationen? Geben Sie für jede Gruppe sowie für eine Kombination ein Beispiel.

3 Nennen Sie die vier Ziele der Werkstofftechnik.

1.2 Stellung und Bedeutung der Werkstoffkunde in der Technik

1 In welchen Technikbereichen ist werkstofftechnisches Wissen von Bedeutung?

2 Nennen Sie die vier Beanspruchungsarten, die zu Werkstoffversagen bei Strukturwerkstoffen führen können.

3 Diskutieren Sie ein Beispiel, wo die Werkstoffauswahl die möglichen Fertigungsverfahren beeinflusst.

1.3 Entwicklungsrichtungen der Werkstofftechnik

1 Stähle mit höherer Streckgrenze lassen bei Stahlkonstruktionen kleinere Blechdicken zu. Welche günstigen Auswirkungen ergeben sich:
   a) in der Fertigung,
   b) bei der Nutzung?

2 Welcher Konstruktionsgedanke liegt den Tailored Blanks (maßgeschneiderten Blechzuschnitten) zugrunde?

© Springer Fachmedien Wiesbaden 2016
W. Weißbach und M. Dahms, *Aufgabensammlung Werkstoffkunde*,
DOI 10.1007/978-3-658-14474-6_1

3   Welche Vorteile ergeben sich beim Einsatz von Tailored Blanks
      a) für den Blechverarbeiter,
      b) für die Bauteile?

4   Durch welche Maßnahmen lässt sich Werkstoff einsparen (vier Angaben)?

5   a) Warum werden in Wärmekraftmaschinen immer höhere Arbeitstemperaturen
         angestrebt?
      b) Welche Konsequenzen hat das für Werkstofftechnik?

6   Durch welche neue Werkstoffgruppe lässt sich die Forderung „hohe Festigkeit und
      Steifigkeit bei gleichzeitig niedriger Dichte" erfüllen?

7   Was sind die beiden grundsätzlichen werkstofftechnischen Entwicklungsrichtungen,
      um Leichtbau zu verwirklichen?

8   Was bedeutet der Begriff „Nanotechnologie"?

9   Welches Metall hat die niedrigste Dichte und ist deswegen für die Entwicklung neuer
      metallischer Werkstoffe besonders interessant?

10   Wie kann man Werkstoffe besonders niedriger Dichte erreichen?

1.4 Wie lassen sich die unterschiedlichen Eigenschaften der Werkstoffe erklären?

1   Wie heißen die mit dem Lichtmikroskop erkennbaren Bestandteile des Gefüges? Welche können z. B. auftreten in:
      a) Gusseisen mit Kugelgraphit,
      b) Automatenstahl,
      c) Wellplatten aus GFK?

2   Nennen Sie zwei Werkstoffgruppen mit Gefügen, deren Phasen sich nicht mehr mit
      dem Lichtmikroskop auflösen lassen.

3   Untersuchen Sie, wie sich eine wesentliche Eigenschaft ändert, wenn das Gefüge der
      angeführten Werkstoffe wie angegeben verändert wird.
      Beispiel: Stahlbeton mit geringer / mit stärkerer Bewehrung: Festigkeit steigt.
      a) Bleistiftmine nur aus Graphit / aus Graphit mit Tonanteil,
      b) Plastomer ohne Glasfasern / mit Glasfasern,
      c) Bremsbeläge mit wenig / viel Metallanteil,
      d) Sinterstahl mit wenig / viel Porenraum,
      e) Sinterhartstoff mit wenig / viel Wolframcarbid.

4   Wie heißen die beiden modellhaft darstellbaren Feinstrukturen der Werkstoffe?

5   Welche Bausteine können prinzipiell ein Kristallgitter bilden? Welche Kräfte halten
      sie zusammen
      a) bei Metallen,
      b) bei Kunststoffen,
      c) bei Oxidkeramik?

6   Eisen hat bei Raumtemperatur ein kubisch-raumzentriertes Gitter. Welche vier Möglichkeiten gibt es, andere Gitter auf Eisenbasis zu erhalten?

7   Warum sind Diamant und Graphit in ihren Eigenschaften so verschieden?

8   Nennen Sie typische Eigenschaften eines Stoffes, der nur durch kovalente Bindungen gebunden ist.

9   Nennen Sie typische Eigenschaften eines Stoffes, der nur durch metallische Bindungen gebunden ist.

10   Wie unterscheidet sich ein chemisches Element grundsätzlich vom anderen?

1.5 Anforderungen an Werkstoffe

1   Das Anforderungsprofil wird in vier Beanspruchungsbereiche gegliedert, der bekannteste ist die Festigkeitsbeanspruchung. Tragen Sie die restlichen in die Kopfzeile ein, und ordnen Sie den angeführten Bauteilen die noch fehlenden Beanspruchungsbereiche zu (×).

Bereich Bauteil	Beanspruchungsbereich		
Fahrradspeiche			
Auspuffkrümmer			
Nocken (Nockenwelle)			
Ventilteller (Motor)			
Fahrdraht (Oberleitung)			
Bremsbelag			
Schmiedegesenk			

2   Was verstehen Sie unter dem Eigenschaftsprofil eines Werkstoffes? Es wird in vier Bereiche gegliedert. Geben Sie diese und zu jedem zwei Eigenschaften an.

3   Welcher Grundsatz gilt für die Auswahl des Werkstoffes für ein Bauteil?

4   An Proben gemessene Eigenschaftswerte liegen i. Allg. wesentlich höher als die im Bauteil. Geben Sie dafür die Ursachen an (Gegenüberstellung von vier Kriterien).

2 Metallische Werkstoffe

2.1 Metallkunde

2.1.1 Vorkommen

1 Nennen Sie häufige technische Anforderungen an metallische Werkstoffe.
2 Nennen Sie technische Faktoren, die den Preis eines Metalles bestimmen.
3 Welche beiden Metalle sind am häufigsten in der Erdrinde anzutreffen?

2.1.2 Metallbindung

1 Welcher Unterschied besteht zwischen den Elektronenhüllen der Metall- und Nichtmetallatome?
2 Warum streben Metallatome eine Bindung an?
3 Wie verhalten sich die Valenzelektronen im Metallverband?
4 Welche Kräfte wirken im Metallverband?
5 Wodurch kommt die Metallbindung zustande?
6 Was bedeutet der Begriff Elektronegativität?
7 Können Elemente mit großer Elektronegativitätsdifferenz metallische Bindung eingehen?
8 Was versteht man unter dem Begriff *Bindungsenergie*?
9 Was bedeutet ein steiler Verlauf der Kraft-Abstandskurve zwischen zwei benachbarten Atomen für Elastizitätsmodul, Schmelztemperatur und Wärmeausdehnungskoeffizient eines Metalls?

© Springer Fachmedien Wiesbaden 2016
W. Weißbach und M. Dahms, *Aufgabensammlung Werkstoffkunde*,
DOI 10.1007/978-3-658-14474-6_2

2.1.3 Metalleigenschaften

1   Wie hängen Schmelztemperatur und Wärmeausdehnungskoeffizient eines Metalls zusammen?
2   Metalle werden aufgrund ihrer chemischen Beständigkeit in zwei Gruppen eingeteilt. Nennen Sie diese und je zwei Metalle als Beispiel.
3   Metalle werden aufgrund ihrer Dichte in zwei Gruppen eingeteilt. Nennen Sie diese und je zwei Metalle als Beispiel.
4   Metalle werden aufgrund ihrer Schmelztemperatur in drei Gruppen eingeteilt. Nennen Sie diese und je zwei Metalle als Beispiel.
5   Wie verhält sich die elektrische Leitfähigkeit eines Metalles bei steigender Temperatur (Begründung)?

2.1.4 Die Kristallstrukturen der Metalle (Idealkristalle)

1   Was verstehen Sie unter dem Begriff Kristallgitter?
2   Welche wichtigen mechanischen Eigenschaften der Metalle hängen vom *Kristallgittertyp* ab?
3   Nennen Sie die drei wichtigsten Kristallgittertypen der Metalle.
4   Für die hexagonal dichteste Packung sind die folgenden Fragen zu beantworten bzw. Aufgaben zu lösen:
   a) Woran erkennen Sie, ob in einem Kristallgitter die dichteste Kugelpackung vorliegt?
   b) Wie viele Nachbarn mit gleichem, kürzestem Abstand besitzt jedes beliebige Atom in einem hexagonalen Kristallgitter?
   c) Welche Schichten liegen beim hexagonalen Kristallgitter übereinander?
   d) Skizzieren Sie eine Elementarzelle des hexagonalen Kristallgitters.
   e) Nennen Sie zwei Metalle, die hexagonal kristallisieren.
5   Was verstehen Sie unter dem Begriff Koordinationszahl?
6   Was verstehen Sie unter dem Begriff Elementarzelle eines Kristallgitters?
7   Was verstehen Sie unter dem Begriff Gitterkonstante eines Kristallgitters?
8   Für das *kubisch-flächenzentrierte* Kristallgitter sind die folgenden Fragen zu beantworten bzw. Aufgaben zu lösen:
   a) Was haben das kubisch-flächenzentrierte und das hexagonale Kristallgitter gemeinsam?
   b) Wodurch unterscheiden sich das kubisch-flächenzentrierte und das hexagonale Kristallgitter voneinander?
   c) Skizzieren Sie eine Elementarzelle des kubisch-flächenzentrierten Kristallgitters.
   d) Nennen Sie zwei Metalle, die kubisch-flächenzentriert kristallisieren.
9   Berechnen Sie die Packungsdichte des kubisch-flächenzentrierten Gitters.

10 Für das *kubisch-raumzentrierte* Kristallgitter sind die folgenden Fragen zu beantworten bzw. Aufgaben zu lösen:
    a) Erläutern Sie den Aufbau des kubisch-raumzentrierten Kristallgitters.
    b) Welche Koordinationszahl liegt beim kubisch-raumzentrierten Kristallgitter vor?
    c) Welche Folgerung kann man aus der Koordinationszahl auf die Dichte der Kugelpackung ziehen?
    d) Skizzieren Sie eine Elementarzelle des kubisch-raumzentrierten Kristallgitters.

11 Berechnen Sie die Packungsdichte des kubisch-raumzentrierten Gitters.

12 Welche Packungsdichte hat die hexagonal dichteste Packung (Begründung)?

13 Wie heißt der Gegensatz von kristallin? Wie können Metalle diesen Zustand annehmen?

14 Wie wirkt sich die Periodizität der Atomanordnung bei einem Bruch auf das Aussehen der Bruchfläche aus?

15 Nennen Sie zwei Metalle mit verschiedenen Kristallgittern bei verschiedenen Temperaturen.

16 Zwei verschiedene Atomsorten können gemeinsame ideale Kristallgitter bilden. Nennen Sie die Möglichkeiten.

17 Nennen Sie die wichtigsten Eigenschaften intermetallischer Phasen.

18 a) Berechnen Sie aus der Gitterkonstante, wie viele Atome sich in einem Aluminiumwürfel der Kantenlänge 1 cm befinden (a_{Al} = 0,405 nm).
    b) Welches Volumen nimmt dann 1 mol Aluminium ein?

19 Berechnen Sie aus Dichte und relativer Atommasse des Eisens seine Gitterkonstante unter der Voraussetzung, dass das Eisen gitterfehlerfrei ist.

2.1.5 Entstehung des Gefüges

1 Was versteht man unter Gefüge?

2 Wie wird das Gefüge von Metallen sichtbar gemacht?

3 Bei welchen Verfahren entstehen Primärgefüge, wobei Sekundärgefüge?

4 Damit eine Schmelze kristallisiert, müssen zwei Bedingungen erfüllt sein, nennen Sie diese.

5 Was verstehen Sie unter
   a) arteigenen,
   b) artfremden Kristallkeimen?

6 Durch welche Maßnahmen kann bei der Erstarrung ein feinkörniges Gefüge entstehen (a, b)?

7 Welche Ursache hat die Kristallisationswärme?

8 Was bedeutet Unterkühlung einer Schmelze?

9 Was verstehen Sie unter Anisotropie? Geben Sie je ein Beispiel für isotropes und anisotropes Verhalten eines beliebigen Werkstoffes?

10   Was verstehen Sie unter Textur, welche Folge hat sie auf die Eigenschaften eines Werkstoffes?

11   Welcher Unterschied besteht zwischen Faserstruktur und Textur?

12   a)   Wodurch entsteht im Stahl eine Schmiedefaser?

    b)   Welche Auswirkungen hat die Schmiedefaser auf Eigenschaften von Proben, die nach Skizze aus einem gewalzten Blech entnommen wurden?

Beurteilen Sie Zugfestigkeit R_m und Bruchdehnung A (Verformbarkeit beim Ziehen) beider Proben mit höher oder niedriger.

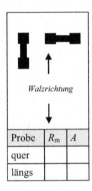

2.2 Struktur und Verformung der Realkristalle

2.2.1 Kristallfehler

1   Welche Arten von Kristallbaufehlern sind Ihnen bekannt? Ordnen Sie diese nach ihrer Dimension.

2   Erläutern Sie die Ursache für das Entstehen von Gitterfehlern.

3   Erläutern Sie die *beiden* Ursachen für das Auftreten von Fremdatomen innerhalb der Kristalle.

4   Wie wird die elektrische Leitfähigkeit eines Metalles durch Fremdatome oder Versetzungen beeinflusst?

5   Welchen Einfluss haben Versetzungen auf die Verformbarkeit von Metallen?

6   Fremdatome können auf zwei Arten im Kristallgitter eingebaut werden. Beschreiben Sie beide Arten.

7   Welche Unterschiede weist ein Einlagerungs-MK gegenüber einem Austausch-MK auf (Vergleich nach u. a. Kriterien)?

Kriterium	Austausch-MK	Einlagerungs-MK
Atom-Ø	....	....
Atomart	....	....
LE-Standort	....	....
Löslichkeit	....	....
Einfluss der LE auf:	....	....
Gitterstörung	....	....
Härte	....	....
Verformbarkeit	....	....

2.2.2 Verformung der Realkristalle und Veränderung der Eigenschaften

1   Jede größere Verformung lässt sich in zwei Anteilen messen. Wie heißen die beiden Anteile, wie lassen sie sich durch Messung unterscheiden?

2   Im spannungslosen Zustand haben zwei Atome im Raumgitter den Abstand l_0, anziehende und abstoßende Kräfte sind dann im Gleichgewicht.
  a) Was geschieht, wenn durch äußere Kräfte der Abstand l_0 vergrößert wird?
  b) Welche Forderung ergibt sich aus a) für die Verformung?
  c) Welche Gleitrichtungen ergeben sich aus Forderung b) für eine dichtest gepackte Gitterebene?

3   Was verstehen Sie unter
  a) Gleitwiderstand,
  b) Trennwiderstand?
  c) Welches ist der größere Widerstand?

4   Was bedeutet Translation in einem idealen Kristallgitter? Hat Translation technisch eine Bedeutung?

5   Was verstehen Sie unter Gleitebenen und Gleitmöglichkeiten
  a) allgemein,
  b) im kubisch-flächenzentrierten,
  c) im kubisch-raumzentrierten,
  d) im hexagonalen Raumgitter, mit Bezug auf die Elementarzellen?

6   Beurteilen Sie die Kaltverformbarkeit der Kristallgitter krz, kfz und hdP mit sehr hoch, hoch und gering.

7   Wie muss eine Zugkraft an einem Kristall angreifen, damit er so leicht wie möglich verformt wird?

8   Welcher Unterschied besteht zwischen
  a) Translation und
  b) Zwillingsbildung (Skizze)?

9   Wodurch lassen sich Zwillingsbildungen im Schliffbild erkennen?

10 Neben metallischen Werkstoffen mit einfachen Raumgittern existieren auch solche, deren Elementarzellen komplizierter gebaut sind und aus einer größeren Anzahl von Atomen bestehen. Welche Eigenschaftskombination folgern Sie daraus (Begründung)?

11 Was ist die Besonderheit der elastischen Verformung?

2.3 Verfestigungsmechanismen

1   Wie wird die Versetzungsbewegung durch die Gitterfehler beeinflusst?

2   Nennen Sie für jede Dimension einen besonders verfestigenden Gitterfehler und die zugehörige Bezeichnung der Verfestigungsart.

3   Außer der Versetzungsbewegung gibt es noch einen weiteren Mechanismus der Kaltverformung. Wie heißt er, und in welchen Legierungen kann er auftreten?

4   Welche Eigenschaften außer den mechanischen werden noch durch eine Kaltverformung beeinflusst?

5   Nennen Sie Werkstoffe, die die Mischkristallverfestigung gezielt ausnutzen.

6   Nennen Sie Gründe, einen Werkstoff durch Kaltverformung gezielt zu verfestigen.

7   In welcher Werkstoffgruppe wird Feinkornverfestigung gezielt genutzt (Begründung)?

8   Nennen Sie Werkstoffe, die gezielt durch Teilchen verfestigt werden.

9   Nennen Sie für jede der vier Verfestigungsarten ein Beispiel aus der Praxis.

10 Welcher Nutzen ergibt sich durch die Festigkeitssteigerung eines Werkstoffes?

11 Die Belastungsgrenze eines Bauteiles ist bereits dann überschritten, wenn eine erste plastische Verformung erfolgt ist. Wodurch ist sie charakterisiert (Betrachtung des Mikrobereiches)?

12 Welche Eigenschaft des Kristallgitters muss geändert werden, um die Festigkeit zu steigern?

13 Es gibt vier Möglichkeiten, die Festigkeit eines Kristalls zu erhöhen.
    a) Welche sind es?
    b) Wie ist bei den meisten Möglichkeiten der Verlauf der Zähigkeit?
    c) Welche der vier Möglichkeiten reagiert am wenigsten empfindlich auf Wärmebehandlungen (Begründung)?

14 Wie wird bei Baustählen eine hohe Festigkeit bei besonderer Schweißeignung und hoher Zähigkeit erreicht?

2.3.2 Kaltverfestigung (Verformungsverfestigung)

1   Erläutern Sie den Begriff Kaltverfestigung mit Hilfe der Änderung von wichtigen mechanischen Eigenschaften der Metalle.

2 a) Welcher Unterschied besteht zwischen der Kaltumformung eines Einkristalls und der eines vielkristallinen Werkstoffes?

   b) Wie wirken sich Gitterfehler auf den Gleit- und Trennwiderstand im Kristall aus?

3 a) Wie ist der Verformungsgrad einer Zugprobe definiert?

   b) Ein Blech von 1,5 mm Dicke wird kalt auf 0,3 mm abgewalzt. Wie groß ist der Verformungsgrad?

   c) Ein Blech von 0,2 mm Dicke besitzt einen Verformungsgrad von 60 %. Wie groß war die Ausgangsdicke?

4 Tragen Sie in das Achsenkreuz schematisch den Verlauf der beiden wesentlichen mechanischen Eigenschaften ein, die sich mit steigendem Verformungsgrad ändern (Kurve, Name, Formelzeichen).

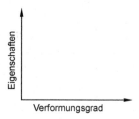

5 Erläutern Sie den Hauptgrund für die Kaltverfestigung.

6 Wie erklären Sie sich die Erscheinung, dass kaltverformtes Kupfer eine niedrigere elektrische Leitfähigkeit besitzt als weiches?

7 Welche Bedeutung hat die H-Zahl in der Bezeichnung von Halbzeug aus Aluminium wie z. B. H12 oder H18?

8 Nennen Sie technische Anwendungen der Kaltverfestigung.

2.4 Vorgänge im Metallgitter bei höheren Temperaturen (Thermisch aktivierte Prozesse)

2.4.1 Allgemeines

1 Wie ist die Geschwindigkeit aller thermisch aktivierten Prozesse von der Temperatur abhängig (mit Erläuterung)?

2 Was versteht man unter dem Begriff Aktivierungsenergie?

2.4.2 Kristallerholung und Rekristallisation

1 Was verstehen Sie unter Kristallerholung?

2 a) Was bedeutet Rekristallisation?

   b) Unter welchen Voraussetzungen findet eine Rekristallisation statt?

c) Wie hängt die Rekristallisationsgeschwindigkeit von der Temperatur ab (Begründung)?

d) Was für eine technische Bedeutung hat die Antwort unter c)?

3 Die Korngröße eines Rekristallisationsgefüges ist beeinflussbar. Geben Sie Einflussgrößen und Richtung des Einflusses an.

4 Bei welcher Temperatur liegt ungefähr die Rekristallisationsschwelle eines Metalles?

2.4.3 Kornvergröberung (-wachstum)

1 Wobei kann ein Kornwachstum eintreten?

2 Welche Gefüge sind besonders anfällig?

3 Welche Gefüge sind unempfindlich gegen das Kornwachstum?

4 Welcher Unterschied besteht zwischen fein- und grobkörnigem Gefüge

a) bei der Kaltumformung, z. B. beim Tiefziehen?

b) Welche mechanisch-thermische Eigenschaft wird durch Grobkorn besonders verringert?

2.4.4 Warmumformung

1 Was ist Warmumformung?

2 Welcher Zusammenhang besteht zwischen der Rekristallisationsgeschwindigkeit und der Verformungsgeschwindigkeit beim Schmieden und Walzen (allgemein bei der Warmumformung)?

3 Was ist Superplastizität, unter welchen drei Bedingungen ist sie möglich?

4 Wie werden Kalt- und Warmumformung unterschieden, wo liegt die Grenze zwischen beiden?

2.4.5 Diffusion

1 Was verstehen Sie unter Diffusion in Metallen?

2 Welche Ursache hat die Diffusion?

3 Unter welchen Voraussetzungen kann eine Diffusion in Metallen stattfinden?

4 Wodurch wird die Diffusionsgeschwindigkeit beeinflusst?

5 In welche Richtung verläuft der Stofftransport?

6 Für Vorgänge im Metallgefüge hat die Diffusion eine große Bedeutung. Welche Vorgänge sind es bei

a) konstanter hoher Temperatur,

b) bei der *Abkühlung* von manchen Legierungen,

c) bei der *Erwärmung* dieser Legierungen?

7 Warum diffundiert C in Ferrit schneller als in Austenit?

8 Welches Element kann am schnellsten diffundieren (Begründung)?

9 Wie muss bei konstanter Temperatur die Glühzeit geändert werden, um beim Einsatzhärten eine doppelt so große Einhärtetiefe zu erreichen?

2.4.6 Werkstoffverhalten bei höheren Temperaturen unter Beanspruchung

1 Geben Sie die Ursachen für den sinkenden Verformungswiderstand der Metalle bei höheren Temperaturen an.

2 Beschreiben Sie das Kriechen und seine Ursachen.

3 Welche Maßnahmen erhöhen den Kriechwiderstand eines Stahlgefüges?

4 Was bedeuten die Festigkeitsangaben:

a) $R_{m/100/700°} = 60\,\text{N/mm}^2$,

b) $R_{p1/10000/650°} = 120\,\text{N/mm}^2$?

2.5 Legierungen (Zweistofflegierungen)

2.5.1 Begriffe

1 Warum verwendet man als Strukturwerkstoffe in der Technik nur sehr selten reine Metalle? Nennen Sie einen wesentlichen Grund.

2 Warum werden als Strukturwerkstoffe in der Technik vor allem Legierungen verwendet?

3 Wie können Legierungselemente (LE) die Eigenschaften des Eisens verändern? Geben Sie dazu für drei LE Beispiele aus der Praxis.

4 Was versteht man unter den *Komponenten* einer Legierung?

5 Wie unterscheiden sich Legierungen von chemischen Verbindungen?

6 Was ist eine Legierung? Nennen Sie zwei Beispiele von Legierungen aus der Praxis.

7 Bei Legierungen zwischen Metall und Nichtmetall entstehen häufig chemische Verbindungen, die keinen metallischen Charakter mehr haben. Geben Sie die Ursache an.

8 Welche chemischen Verbindungen (Gruppennamen) treten häufig in Legierungen als Verunreinigungen auf?

9 Was verstehen Sie unter *Phasen* einer Legierung?

10 Wodurch ist ein Phasenübergang gekennzeichnet? Nennen Sie Beispiele.

11 Nennen Sie Anzahl, Namen der Komponenten und Phasen von

a) AlMg3,

b) Baustahl.

12 Welche Unterschiede sind aus den Abkühlungskurven von Reinmetall, Legierung und amorphen Stoff zu erkennen?

13 a) Wie können sich die Komponenten eines Stoffgemenges hinsichtlich ihrer Löslichkeit im flüssigen Zustand verhalten (zwei Möglichkeiten, Alltagsbeispiele)?

   b) Zu welchem der drei Fälle gehören die meisten Werkstoffe des Maschinenbaus (Begründung)?

14 Nennen Sie zwei einfache Arten von Zustandsdiagrammen und geben Sie jeweils ein Beispiel.

15 Welche Bedingungen müssen die Komponenten erfüllen, damit sie ein System mit vollständiger Löslichkeit im festen und flüssigen Zustand aufbauen?

16 Welche Bedingungen müssen die Komponenten erfüllen, damit sie ein eutektisches System aufbauen können?

17 Zweistoff-Legierungen können nur in zwei Arten vorliegen. Nennen Sie diese Arten, geben Sie die Anzahl der Phasen an, die nach dem System an.

18 Was verstehen Sie unter *löslich im festen Zustand*?

19 Was verstehen Sie unter *teilweise löslich im festen Zustand*?

2.5.2 Zustandsdiagramme, Allgemeines

Die folgenden Fragen beziehen sich auf Erstarrungsvorgänge der Legierung L_1 des nachstehend abgebildeten **vereinfachten** eutektischen Systems Bi-Cd. Im System Bi-Cd ist die Vereinfachung zulässig, da die Randlöslichkeiten von Cd und Bi ineinander für die Praxis vernachlässigbar klein sind.

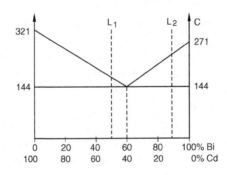

1 Wodurch ist der Erstarrungsbeginn grundsätzlich gekennzeichnet?

2 a) Welche Phase scheidet mit Beginn der Erstarrung aus?

   b) Wie verändert sich die Zusammensetzung der Schmelze bei sinkender Temperatur (Begründung)?

3 Die Legierung L_1 hat die Temperatur 144 °C erreicht.
   a) Welche Zusammensetzung hat die Restschmelze (Begründung)?
   b) Wie verhalten sich die Komponenten der Restschmelze bei weiterer Abkühlung?
   c) Berechnen Sie die Massenanteile der Cd-Kristalle und des Eutektikums.
4 Skizzieren Sie schematisch das Gefüge der Legierung L_1 bei Raumtemperatur und
   bezeichnen Sie die Kristallarten.
5 Wodurch unterscheiden sich übereutektische und untereutektische Legierungen?
6 Berechnen Sie die Massenanteile der zuerst ausgeschiedenen Kristallart und des Eutektikums einer Legierung L_2 mit 90 % Bi und 10 % Cd bei Raumtemperatur.
7 Beschreiben Sie eine peritektische Reaktion an einem Beispiel.
8 Was ist eine eutektoide Reaktion (Beispiel)?

2.5.3 Zustandsdiagramm mit vollkommener Mischbarkeit der Komponenten

1 Wie verhalten sich alle Legierungen eines Systems mit vollständiger Mischbarkeit im
   Festen und im Flüssigen bei der Erstarrung?
2 Was bedeutet das Vorliegen eines Erstarrungsbereiches für das Gießverhalten einer
   Legierung?
3 Wodurch unterscheiden sich die verschiedenen Legierungen eines Systems mit vollständiger Mischbarkeit im Flüssigen und im Festen voneinander?
4 Skizzieren Sie schematisch das Zustandsschaubild eines Systems mit vollständiger
   Mischbarkeit im Festen und im Flüssigen mit den Komponenten A und B und benennen Sie die Linienzüge und Phasenfelder.

   Die folgenden Fragen beziehen sich auf Erstarrungsvorgänge der Legierung L_1 des un-
tenstehenden Systems mit vollständiger Mischbarkeit im flüssigen und im festen Zustand.

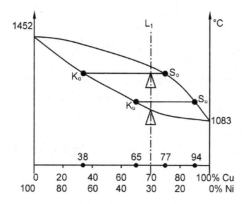

5 Wodurch ist der Erstarrungsbeginn gekennzeichnet?
6 Welche Phase scheidet mit Beginn der Erstarrung aus?

7   a) Beurteilen Sie am oberen Waagebalken den Anteil der Phasen und ihre Zusammensetzung im Vergleich zur Legierung L_1,
    b) desgleichen am unteren Waagebalken.
8   Begründen Sie die unter 7 festgestellten Erscheinungen.
9   a) Welche Zusammensetzung haben alle Mischkristalle der Legierung L_1 nach vollständiger Erstarrung (Begründung)?
    b) Unter welchen Bedingungen kann diese Zusammensetzung erreicht werden?
    c) Wie verändern sich die Kristalle bei schneller Abkühlung?
10 Wodurch kann man Kristallseigerungen begrenzen?
11 Wie kann man Kristallseigerungen nachträglich vermindern?

2.5.4 Allgemeine Eigenschaften der Mischkristalllegierungen

1   Homogene Legierungen auf Mischkristallbasis zeigen bei bestimmten Zusammensetzungen wesentlich höhere oder tiefere Eigenschaftswerte als die reinen Komponenten. Begründen Sie diese Erscheinung an der Eigenschaft Härte bzw. Zugfestigkeit.
2   Beurteilen Sie das grundsätzliche Verhalten von homogenen Mischkristalllegierungen bei
    a) Kaltverformen,
    b) Gießen,
    c) Zerspanen (Begründungen).
    d) Folgern Sie daraus die vorwiegend angewandten Arbeitsgänge in der Fertigung bis zum Werkstück.
3   Geben Sie zwei Beispiele zur guten Kaltformbarkeit der Mischkristalllegierungen aus der Praxis.
4   Auf welche Weise wird die geringe Zerspanbarkeit homogener Mischkristallgefüge erhöht?

2.5.5 Eutektische Legierungssysteme (Grundtyp II)

1   Skizzieren Sie schematisch das Zustandsschaubild eines eutektischen Zweistoffsystems mit den Komponenten A und B und benennen Sie die Linienzüge und Phasenfelder.
2   Was ist ein Eutektikum?
3   Nennen und erklären Sie drei Begriffe, die das Adjektiv *eutektisch* enthalten.
4   Was bedeutet der Begriff Seigerung?
5   Wozu benötigt man ein Zustandsschaubild?

2.5.6 Allgemeine Eigenschaften der eutektischen Legierungen

1 Viele Eigenschaften heterogener Legierungen liegen zwischen denen der beteiligten Phasen. Begründen Sie diese Tatsache.

2 Vergleichen Sie die Legierungen im Bereich der eutektischen Zusammensetzung mit den reinen Komponenten im grundsätzlichen Verhalten bei:
   a) Gießen,
   b) Zerspanen,
   c) Kaltverformung (Begründungen).
   d) Folgern Sie daraus die vorwiegend angewandten Arbeitsgänge in der Fertigung bis zum Werkstück.

3 Warum ist die eutektische Zusammensetzung so besonders als Gusslegierung geeignet? Nennen Sie Beispiele.

4 Außer als Gusslegierungen werden eutektische Legierungen auch für einen anderen Zweck verwendet. Nennen Sie diesen Zweck mit Beispielen.

5 Beurteilen Sie Gießbarkeit von Stahlguss (0,2...0,6 % C) und Gusseisen (3...4 % C) anhand des Eisen-Kohlenstoff-Diagrammes.

2.5.7 Ausscheidungen aus übersättigten Mischkristallen

1 Metallgitter können bis zu einem Höchstwert alle anderen Metalle „lösen".
   a) Wie wird dieser Höchstwert genannt?
   b) Wovon ist diese Löslichkeit abhängig, welche Tendenz wird meist beobachtet?
   c) Welche Erscheinung ergibt sich daraus bei langsamer Abkühlung solcher Legierungen?
   d) Wie c) jedoch bei schneller Abkühlung?

2 Übersättigte Mischkristalle sind metastabil. Darauf basieren wichtige innere Vorgänge. Wie heißen
   a) die ungewollte bzw. gesteuerte Veränderung der übersättigten Mischkristalle?
   b) Welche wichtigen mechanischen Eigenschaften nehmen dabei grundsätzlich ab bzw. zu?

2.5.8 Zustandsdiagramm mit Intermetallischen Phasen

1 Welche Merkmale haben Intermetallische Phasen (Entstehungsbedingungen, Gitter, Bindungsart, Benennung, Eigenschaften)?

2 Welche Bedeutung haben Intermetallische Phasen in der Praxis?

3 Die Legierung Eisen-Kohlenstoff

3.1 Abkühlkurve und Kristallarten des Reineisens

1 Nennen Sie Dichte und Schmelztemperatur von Reineisen.

2 Bei der Aufheizung und Abkühlung ändert Reineisen bei zwei Temperaturen die Kristallstruktur. Welche Temperaturen sind es, und welche Phasenumwandlungen finden bei diesen Temperaturen statt?

3 Auch bei 769 °C findet in Eisen eine Phasenumwandlung statt. Wie nennt man diese, und was passiert dabei?

4 Skizzieren Sie die Elementarzellen der beiden Kristallgitter des Eisens und schreiben Sie die metallographischen Bezeichnungen dazu.

5 δ- und α-Eisen haben ein kubisch-... Kristallgitter. Sie unterscheiden sich nur durch ...

6 Warum unterscheidet sich die Gitterkonstante von δ- und α-Eisen?

7 Bewerten Sie die Kaltformbarkeit des γ- und des α-Eisens mit niedrig, hoch oder sehr hoch (Begründung).

8 Welche Art von Mischkristallen kann Kohlenstoff mit dem Eisen bilden (Begründung)?

9 Vergleichen Sie die beiden Kristallgitter des Eisens auf die Größe ihrer Zwischengitteratome (kleine Kugeln im Bild auf der nächsten Seite oben), und folgern Sie daraus das Lösungsvermögen für Kohlenstoff:

    a) Welches Kristallgitter hat das größere Lösungsvermögen?

    b) Berechnen Sie mithilfe des Bildes die Durchmesser der Einlagerungsatome in den Zwischengitterplätzen, $d = f(D)$. Dabei wird angenommen, dass im krz-Gitter sich die Kugeln in Richtung der Raumdiagonalen berühren und im kfz-Gitter in der Flächendiagonalen.

© Springer Fachmedien Wiesbaden 2016
W. Weißbach und M. Dahms, *Aufgabensammlung Werkstoffkunde*,
DOI 10.1007/978-3-658-14474-6_3

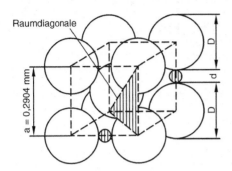
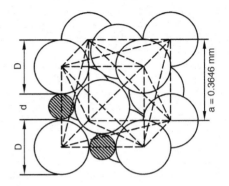

10   Welches maximale Lösungsvermögen haben Ferrit und Austenit für Kohlenstoff?

11   Von welcher physikalischen Größe hängt das Lösungsvermögen des Austenits für Kohlenstoff ab? Geben Sie die beiden Werte an, die mit dem niedrigsten C-Gehalt des Austenits verknüpft sind.

12   Wie verhält es sich mit den Wärmeausdehnungskoeffizienten von Ferrit und Austenit?

13   Wie wirkt sich der plötzliche Übergang der Atome von einer dichteren in eine weniger dichte Packung auf die Länge eines Metallstabes aus?

14   Wie heißt die messtechnische Ausnutzung der plötzlichen Längenänderung eines Stabes bei der Gitterumwandlung?

15   Wie müsste die schematische Kurve der **Längenänderung =f (Temperatur)** für eine gedachte Legierung aussehen? (Sie besitzt bei niedriger Temperatur ein kfz-Gitter, bei höherer Temperatur ein krz-Gitter)

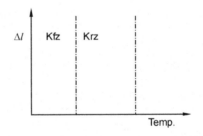

16   Welche Auswirkung hat der Volumensprung bei der Abkühlung von Werkstücken mit unterschiedlichen Querschnitten?

17   Wie wird die Temperatur genannt, oberhalb derer Eisen bzw. ein Stahl vollständig austenitisch ist?

18   Welche Auswirkung hat der Volumensprung auf ein Blech aus unlegiertem Stahl mit Oxidschicht, das ständig über A_{c3} erwärmt und wieder abgekühlt wird, wie z. B. Bleche von Kästen, in denen Werkstücke aufgekohlt (eingesetzt) werden?

19   Wie könnte man außer durch Dilatometrie die γ/α-Umwandlung des Eisens noch messtechnisch erfassen?

3.2 Erstarrungsformen

1   Wie verändern Kohlenstoff die Liquidustemperatur von Eisen?

2   Auf welche Weise gelangt der Kohlenstoff ursprünglich in das Eisen?

3   Nennen Sie die beiden Erstarrungsformen des Legierungssystems Eisen-Kohlenstoff.

4   Geben Sie für beide Systeme die Phasen bei Raumtemperatur und ihre metallographische Bezeichnung an.

5   Warum können beim System Fe-C zwei Erstarrungsformen entstehen?

6   Nachstehend sind technologische Maßnahmen angeführt, welche die Erstarrungsform beeinflussen. Ordnen Sie diese den beiden Begriffen *stabil* und *metastabil* zu:

a) schnelle Abkühlung,

b) geringer C-Gehalt,

c) langsame Abkühlung,

d) hoher C-Gehalt,

e) Mn als Legierungselement,

f) Si als Legierungselement,

ankreuzen.

Maßnahme	a	b	c	d	e	f
Stabil						
Metastabil						

g) Begründen Sie die Punkte a) und b) Ihrer Entscheidung.

7   Erstarren die Legierungen jeweils nur rein stabil oder rein metastabil oder sind Überlagerungen beider Systeme in einem Gefüge denkbar? Durch welche Maßnahmen kann das eventuell erreicht werden?

8   Ordnen Sie die verschiedenen Fe-C-Legierungen den drei Systemen zu:

1   stabiles System,

2   metastabiles System,

3   Überlagerung beider Systeme.

a	Stahl S235	e	Kugelgraphitguss GLS-350-15
b	Gusseisen GJL-150	f	Kugelgraphitguss GJS-600-3
c	Gusseisen GJL-350	g	Temperrohguss
d	Hartguss	h	Temperguss GJMB-350-10

9   Temperrohguss muss graphitfrei erstarren (metastabil). Was muss der Konstrukteur beachten, damit diese Forderung erfüllt werden kann?

10   Gussteile aus GJL oder GJS haben oft eine sehr harte Gusshaut, die schwer zerspanbar ist. Wie erklären Sie sich diese Erscheinung?

11   Gussteile haben oft unterschiedliche Wanddicken und Querschnitte. Welche Erstarrungsform entsteht bevorzugt? Welchen Einfluss hat das auf die Härtewerte im Werkstück?

12   Warum erstarren Fe-C-Legierungen bei beschleunigter Abkühlung bevorzugt meta-
      stabil?

3.3 Das Eisen-Kohlenstoff-Diagramm (EKD)

3.3.1 Erstarrungsvorgänge

1   Zeichnen Sie das metastabile Zustandsdiagramm Fe-Fe$_3$C für Gehalte oberhalb 1 % C
      und Temperaturen oberhalb 1000 °C.
2   a) Warum ist das EKD (metastabiles System) mit einem C-Gehalt von 6,67 % C be-
          grenzt?
      b) Berechnen Sie den C-Gehalt von Eisencarbid Fe$_3$C.
3   Nennen Sie die Gefügebestandteile nach gerade beendeter metastabiler Erstarrung von
      Legierungen aus den Bereichen
      a) Stahl,
      b) untereutektisches Eisen,
      c) übereutektisches Eisen.
4   Wie wird das metastabil erstarrte Eutektikum genannt?
5   Zustandsschaubilder gelten für eine sehr langsame Abkühlung. Wie wirkt sich eine
      schnelle Abkühlung auf die γ-Mischkristalle aus?
6   Skizzieren Sie schematisch das Gefüge, wie es unmittelbar nach der metastabilen Er-
      starrung vorliegt, von je einer Legierung aus den Bereichen
      a) Stahl,
      b) untereutektisches Eisen,
      c) übereutektisches Eisen
      und geben Sie die metallographischen Bezeichnungen an.
7   Wie werden die Kristalle genannt, die bei der Erstarrung vom Rand aus frei in die
      Schmelze wachsen und dabei auch Seitenäste ausbilden?

3.3.2 Die Umwandlungen im festen Zustand

1   a) Skizzieren Sie die Ecke des metastabilen EKD mit $T < 1000$ °C und C-Gehalt
          unter 2 % (Stahlecke).
      b) Bezeichnen Sie die Phasenfelder.
      c) Markieren Sie wichtige Temperaturen und Zusammensetzungen.
2   Was ist Perlit, und wie entsteht er?
3   Was bedeuten die Bezeichnung A$_1$ und A$_3$?
4   Mit welchem Typ Zustandsdiagramm kann man die Stahlecke des EKD vergleichen?
      Welcher wesentliche Unterschied besteht?

5   Wie viele Legierungen müssen herausgegriffen werden, um die Umwandlungen sämtlicher Stähle zu erfassen? Nennen Sie die Teilbereiche (C-Gehalt und Namen) für die jeweils eine Legierung genügt.

6   Die Fragen und Aufgaben beziehen sich auf die Umwandlung der eutektoiden Legierung mit 0,8 % C.

a) Welches Kristallgitter besitzt die Legierung oberhalb und unterhalb von 723 °C?

b) Wie viel Kohlenstoff haben die Mischkristallphasen oberhalb und unterhalb von 723 °C gelöst?

c) Welchen Einfluss hat der C-Gehalt auf den Beginn der γ-α-Umwandlung (Begründung)?

d) Welche Folgerung ergibt sich aus den Antworten zu a) und b) für die C-Atome, wenn die Legierung beim Abkühlen die Temperatur 723 °C unterschreitet?

e) Zeigen Sie die Gefügeänderung bei der γ-α-Umwandlung an einem einzelnen Kristallkorn (Bild) über und unter 723 °C und geben Sie alle metallographischen Bezeichnungen an.

f) Welche Auswirkung hat eine schnelle Abkühlung auf die γ-α-Umwandlung und das entstehende Gefüge (Begründung)?

7   Fassen Sie die Vorgänge bei der γ-α-Umwandlung bei 723 °C zusammen:

a) Welche beiden Namen hat diese Umwandlung?

b) Was ist der geschwindigkeitsbestimmende Prozess?

8   Die Fragen und Aufgaben beziehen sich auf die Umwandlung einer untereutektoiden Legierung.

a) Wann beginnt bei Abkühlung aus dem Austenitgebiet die Umwandlung?

b) Welche Phase scheidet mit Beginn dieser Umwandlung aus?

c) Bei welcher Temperatur ist diese Umwandlung abgeschlossen?

d) Wie verändert sich die Zusammensetzung des restlichen Austenits infolge der Ausscheidungen (Begründung)?

e) Bis zu welcher Temperatur ändert der restliche Austenit seine Zusammensetzung, welcher C-Gehalt liegt dann vor?

f) Welche Veränderung erfolgt beim Unterschreiten der eutektoiden Temperatur mit dem restlichen Austenit?

9   a) Berechnen Sie die prozentualen Anteile von Ferrit und Perlit am Gefüge eines Stahles mit 0,5 % C bei Raumtemperatur.

b) Skizzieren Sie schematisch das Gefüge der Legierung knapp oberhalb A_3, knapp unterhalb A_3, knapp oberhalb A_1 und bei Raumtemperatur und geben Sie die metallographischen Bezeichnungen an.

10   Wodurch unterscheiden sich die untereutektoiden Legierungen untereinander?

11   Welche Auswirkung hat eine schnellere Abkühlung auf die Gefügebildung (Begründung)?

12   Wie kann man Perlitbildung bei der Abkühlung von hohen Temperaturen vermeiden?

13   Die Fragen und Aufgaben beziehen sich auf Umwandlungen einer übereutektoiden Legierung.

a) Welcher Vorgang setzt ein, wenn die Kohlenstoff-Löslichkeitslinie unterschritten wird? Bei welcher Temperatur ist er abgeschlossen?

b) In welcher Form finden die Ausscheidungen statt?

c) Wie verändert sich die Zusammensetzung des Austenit durch die Ausscheidungen; welchen C-Gehalt hat er, wenn die eutektoide Temperatur erreicht ist (Begründung)?

d) Welche Änderung erfolgt mit dem Austenit, wenn die eutektoide Temperatur unterschritten wird?

14 Berechnen Sie die prozentualen Anteile des Gefüges bei Raumtemperatur (1) von Perlit und Sekundärzementit, (2) von Ferrit und Zementit (gesamt) bei einem Stahl mit 1 % C.

15 Wodurch unterscheiden sich die überperlitischen Legierungen untereinander?

16 Die Fragen und Aufgaben beziehen sich auf Umwandlungen einer untereutektischen Legierungen im metastabilen EKD.

a) Welcher Vorgang setzt ein, wenn die Legierung nach beendeter Erstarrung bei 1147 °C weiter abkühlt, bei welcher Temperatur ist er abgeschlossen?

b) In welcher Form finden die Ausscheidungen statt?

c) Wie verändert sich die Zusammensetzung des Austenits durch die Ausscheidungen, welchen C-Gehalt hat er, wenn die eutektoide Temperatur erreicht ist (Begründung)?

d) Welche Änderung erfolgt mit dem Austenit, wenn die eutektoide Temperatur unterschritten wird?

e) Skizzieren Sie schematisch das Gefüge der untereutektischen Legierung bei Raumtemperatur, und geben Sie die metallographischen Bezeichnungen an.

17 Berechnen Sie die prozentualen Anteile des Gefüges einer Legierung *mit 3 % C* bei Raumtemperatur von Perlit und Ledeburit sowie von Ferrit und Zementit (gesamt).

18 a) Wodurch unterscheiden sich die untereutektischen metastabilen Legierungen?

b) Aus welchen Bestandteilen besteht das Eutektikum Ledeburit

(1) bei Temperaturen dicht unterhalb der Soliduslinie,

(2) bei Temperaturen dicht oberhalb der Linie PSK,

(3) bei Raumtemperatur?

c) Berechnen Sie die prozentualen Anteile des Gefüges einer eutektischen Legierung bei Raumtemperatur von Perlit und Zementit sowie von Ferrit und Zementit (gesamt).

19 Warum ist Perlit lamellenförmig aufgebaut?

3.4 Einfluss des Kohlenstoffs auf die Legierungseigenschaften

1 In welcher Form kann Kohlenstoff im Stahl vorliegen?

2 Welche Informationen außer dem Kohlenstoffgehalt braucht man noch, um die Eigenschaften eines Stahles abzuschätzen?

3 Die unter 2 genannten Faktoren beeinflussen sich gegenseitig. Belegen Sie diese Erscheinung an einem Beispiel.

4 Welche mechanischen Eigenschaften des Eisens werden bereits durch kleine C-Gehalte stark geändert?

5 Lässt sich reines Eisen durch Abschrecken härten?

6 Ist Kohlenstoff im Vergleich zu anderen Stahlveredlern (Cr, Mo, V, W) teuer oder preisgünstig?

7 Nennen Sie Gesichtspunkte, welche die Bedeutung des Kohlenstoffs als Legierungselement kennzeichnen.

8 Die mechanischen Eigenschaften Zugfestigkeit, Härte und Kaltformbarkeit werden in normalisiertem Stahl vorwiegend durch die prozentualen Anteile an Ferrit und Zementit bestimmt.

Begründen Sie diese Tatsache, und belegen Sie es durch eine Gegenüberstellung von S235 mit 0,2 % und E360 mit 0,6 % C.

9 In welcher Form treten Ferrit und Zementit im Gefüge (Schliffbild) der Stähle auf? Ordnen Sie durch Ankreuzen zu.

C-Bereich	Gefüge-Bestandteil	Kristallarten und Form			
		Ferrit		Zementit	
		Feinkörnig, rundlich	Streifig	Streifig	Schalenförmig
0…0,8 %	Ferrit				
	Perlit				
0,8…2 %	Perlit				
	Sekundärzementit				

10 Welche Auswirkung haben steigende C-Gehalte auf folgende mechanische Eigenschaften von Stahl (Begründung):
   a) Zugfestigkeit,
   b) Härte,
   c) Bruchdehnung, Brucheinschnürung und Kerbschlagzähigkeit?

11 Welche Auswirkungen haben steigende C-Gehalte auf Kalt- und Warmumformbarkeit der Stähle, bis zu welchen C-Gehalten sind die Verfahren etwa anwendbar?

12 Welche mechanischen Eigenschaften beeinflussen vor allem die Schweißeignung von Stählen (Begründung)?

13 Welche Auswirkung haben steigende C-Gehalte auf die Schweißeignung von Stählen, bis zu welchen C-Gehalten sind Stähle schweißgeeignet?

14 a) Welche mechanischen Eigenschaften beeinflussen vor allem die Zerspanbarkeit von Stahl?
   b) Welche Wirkung haben steigende C-Gehalte auf die Zerspanbarkeit der ungehärteter Stähle?

15 Warum sinkt bei übereutektoiden Stählen die Zugfestigkeit wieder im Vergleich zu eutektoidem Stahl?

16 Wie kann man bei übereutektoidem Stahl die Zerspanbarkeit steigern?

4 Stähle

4.1 Erzeugung und Klassifizierung

4.1.3 Rohstahlerzeugung

1 Nennen Sie die ungefähren C-Gehalte von Roheisen und Stahl.

2 Welche Elemente sind im Roheisen enthalten?

3 Warum müssen bei der Stahlherstellung insbesondere P und S aus dem Roheisen entfernt werden?

4 Nennen Sie die ungefähren Schmelztemperaturbereiche von Roheisen und Stahl.

5 Geben Sie zusammenfassend an, welche drei Aufgaben von allen Stahlgewinnungsverfahren bewältigt werden müssen.

6 Das Entfernen der Eisenbegleiter aus dem Roheisen wird durch einen chemischen Vorgang bewirkt. Es gibt dafür zwei Namen:
a) einen traditionellen,
b) einen wissenschaftlichen. Wie heißen sie?
c) Welches Element ist für den Ablauf des Prozesses notwendig?

7 Die Sekundärmetallurgie besteht aus zahlreichen Verfahren mit speziellen Anlagen, die Blas- und Elektrostähle weiterbehandeln. Nennen Sie die metallurgischen Ziele und Mittel nach folgendem Schema:

© Springer Fachmedien Wiesbaden 2016
W. Weißbach und M. Dahms, *Aufgabensammlung Werkstoffkunde*,
DOI 10.1007/978-3-658-14474-6_4

Verfahren	Mittel	Ziel, Verbesserung
Spülen (Beispiel)	Einblasen von Argon durch poröse Bodensteine	Reinheitsgrad und Homogenität durch Aufsteigen nichtmetallischer Teilchen
Desoxidation Entstickung Entphosphorung Entschwefelung		
Entgasen		
Legieren		
Heizen		

8   Umschmelzverfahren erhöhen nochmals den Reinheitsgrad eines Stahles. Welche Eigenschaften werden davon berührt?

9   a) Worauf bezieht sich die Bezeichnung *unberuhigt vergossen*?
     b) Wie heißt die Reaktionsgleichung, welche die Entstehung von Gas beim Vergießen beschreibt?
     c) Welche Ursache hat die unter b) beschriebene Reaktion?

10   Warum kann durch Mn-, Si-, oder Al-Zugabe beruhigt werden?

11   Welche Stahlsorten müssen beruhigt vergossen werden?

12   Worin liegt der besonders beruhigende Effekt des Desoxidationsmittels Aluminium?

4.1.6 Eisenbegleiter und Wirkung auf Gefüge und Stahleigenschaften

1   Welche chemischen Elemente treten in Fe-C-Legierungen als Eisenbegleiter auf?

2   Wodurch gelangen diese Elemente (außer durch Zulegieren) im Einzelnen in das Gefüge der Stähle?

3   Warum ist eine vollständige Entfernung der qualitätsmindernden Elemente nicht möglich?

4   In welcher Form liegt Si bei kleinen Gehalten im Gefüge vor? Welche Nachteile ergeben sich daraus für die Fertigungsverfahren Kalt- und Warmumformen und Schweißen?

5   Welche günstigen Eigenschaftsänderungen bewirkt Si in Stählen für die E-Technik?

6   Der Stahl S355J2 DIN EN 10025 enthält etwa 0,9...1,4 % Mn. Geben Sie dafür eine Begründung.

7   Mn liegt bei kleinen Gehalten als MnS und MnO vor. Welche Auswirkungen haben diese Manganverbindungen auf die Anisotropie der mechanischen Eigenschaften?

8   Kann Si zur Mischkristallverfestigung in Stahl eingesetzt werden?

9   Welche Eigenschaftsänderungen bewirken P-Gehalte in Stählen? Welche allgemeine Forderung ergibt sich daraus für die Höhe des P-Gehaltes in Stählen?

10   a) In welcher Form liegt S in manganarmem Stahl vor?
     b) Welche Qualitätsminderung ergibt sich dadurch?

11 Obwohl Automatenstähle bis zu 0,25 % S enthalten, sind sie schmiedbar (kein Rotbruch). Begründen Sie diese Tatsache.

12 Warum enthalten Automatenstähle kleine Schwefelanteile?

13 Wie wird der Sauerstoff aus Stahl entfernt?

14 Was verstehen Sie unter Alterung eines Stahles?

15 Stickstoff verursacht die Alterung des Stahles. Wie verändern sich dadurch die wichtigsten mechanischen Eigenschaften?

16 a) Welche inneren Vorgänge führen zur Alterung des Stahles?

    b) Wodurch kann die Alterung beschleunigt werden?

17 Kaltgeformte Bleche für Schweißkonstruktionen dürfen nicht zur Alterung neigen. Begründen Sie diese Forderung.

18 Welches Stahlgewinnungsverfahren wird heute überwiegend angewandt, um die Stickstoffgehalte niedrig zu halten?

19 a) In welcher Form ist Wasserstoff im Gefüge enthalten?

    b) Welche mechanische Eigenschaft wird besonders stark durch H_2-Gehalte vermindert?

    c) Wodurch lässt sich der H_2-Gehalt der Stähle senken?

20 Nennen Sie ein Beispiel aus der Fertigung zur Versprödung des Stahles durch Wasserstoff.

4.1.7 Einfluss der Legierungselemente

1 Nennen Sie Beanspruchungsfälle, für die unlegierte Stähle nicht mehr geeignet sind, sodass legierte Stähle eingesetzt werden müssen.

2 Welche mechanischen und technologischen Eigenschaften werden durch LE beeinflusst (Beschränkung auf die Erfordernisse des Maschinenbaus, Aufzählung)?

3 Fast alle LE können sich in kleinen Prozentsätzen im Ferrit lösen. Welchen Einfluss hat dies auf den Ferrit und seine Festigkeit?

4 a) Welche LE haben eine starke Affinität zum Kohlenstoff? Nennen Sie vier.

    b) Welche Folgen hat die Affinität, wie heißen die entstehenden Stoffe?

    c) Welche Gitterstruktur haben die Stoffe, welche Eigenschaftskombination lässt sich daraus folgern?

5 In welcher Gruppe von Stählen sind die Carbide von großer Bedeutung (Begründung)?

6 Welche Forderung ergibt sich aus der Affinität der karbidbildenden Elemente zum Kohlenstoff für den Gehalt an LE?

7 LE können den Austenit stabilisieren.

    a) Welche LE erweitern das Austenitgebiet?

    b) Skizzieren Sie schematisch den Einfluss dieser LE auf die Lage des Punktes A_{r3} des reinen Eisens (Teil eines Zustandsschaubildes Fe-LE).

c) Welche Folgen haben größere Gehalte dieser LE auf das Gefüge der Stähle? Nennen Sie maximal fünf wesentliche Eigenschaftsunterschiede zu unlegierten Stählen.

d) Stähle mit austenitischem Gefüge bei Raumtemperatur lassen sich außer durch hohe Anteile an bestimmten LE auch noch auf eine andere Art erzeugen. Beschreiben Sie diese Maßnahme.

e) Austenitische Stähle zeigen eine starke Kaltverfestigung. Begründen Sie diese Erscheinung.

8 a) Welche LE verkleinern das Austenitgebiet?

b) Skizzieren Sie schematisch den linken Teil vom Zustandsschaubild Fe-LE.

c) Welche Folgen haben größere Gehalte dieser LE auf das Gefüge der Stähle? Nennen Sie vier wesentliche Eigenschaftsunterschiede zu unlegierten Stählen.

d) Wenn zu Fe-Cr noch C legiert wird, entstehen je nach C-Gehalt unterschiedliche Gefüge. Tragen Sie die Gefüge ein und geben Sie Eigenschaften und Verwendung durch Ankreuzen an.

Gefüge	C %	Cr %	Korr.-best.		Härtbar	
			Ja	Nein	Ja	Nein
	< 0,1	Hoch				
	≈ 2	Hoch				
	0,2–1	Hoch				
	< 0,5	Niedrig				
	< 1,5	Niedrig				

9 Austenitische Stähle enthalten zwei besondere Legierungselemente.

a) Welche sind es?

b) Wozu dienen Sie?

10 Welches chemische Element führt sowohl bei Stahl als auch bei Nickellegierungen zu einer Erhöhung der Korrosions- und Hochtemperaturoxidationsbeständigkeit?

11 Wie beeinflussen Karbidbildner grundsätzlich das Härteverhalten von Stählen?

12 Skizzieren Sie die Stirnabschreckkurven von 30CrMoV9, 42CrMo4 und C60E und erläutern Sie die Kurvenverläufe.

13 Warum führen bei HS-Stählen Anlasstemperaturen um die 500 °C zu höheren Härten als Anlasstemperaturen um die 300 °C?

14 Wie ist das Kohlenstoffäquivalent definiert, welche Bedeutung hat es in der Schweißtechnik?

4.1.8 Einteilung der Stähle

1 Wodurch unterscheidet sich Stahl von anderen Eisen-Werkstoffen?

2 In welche zwei Gruppen werden Stähle unabhängig vom Legierungsgehalt eingeteilt?

3 In welchen drei Kriterien unterscheiden sich Edelstähle von den Qualitätsstählen?

4 Sind unlegierte Stähle frei von Legierungselementen? Woran lassen sich unlegierte von legierten Stählen unterscheiden?

5 Geben Sie für einen unlegierten, einen niedriglegierten und einen hochlegierten Stahl jeweils ein Beispiel. Woran erkennt man, dass der Beispielstahl in die jeweilige Gruppe gehört?

4.2 Stähle für allgemeine Verwendung

1 Was bedeuten die Buchstaben ‚S' und ‚E' im Stahlnamen?

2 Stähle nach DIN EN 100 25:
   a) Nach welcher Eigenschaft sind die Sorten gegliedert und benannt?
   b) Welche Eigenschaften sind für die Verarbeitung wichtig?
   c) Wodurch werden die steigenden Festigkeiten der Sorten erreicht (drei Punkte)?
   d) Worin unterscheiden sich die Sorten *einer* Festigkeitsstufe (z. B. S335)?

4.3 Baustähle höherer Festigkeit

1 a) Welcher Festigkeitsbereich wird von unvergüteten, schweißgeeigneten Feinkorn-stählen überdeckt?
   b) Was bedeutet das Anhängezeichen N bzw. M bei diesen Sorten und welcher we-sentliche Unterschied besteht zwischen ihnen (z. B. S355N und S355M)?
   c) Welcher Festigkeitsbereich wird von den vergüteten Sorten überdeckt?
   d) Welche Vorteile bieten höherfeste Stähle gegenüber denen für allgemeine Verwen-dung (konstruktiv, fertigungstechnisch)?

2 Was ist bei der schweißtechnischen Verarbeitung von Feinkornbaustählen besonders zu beachten?

4.4 Stähle mit besonderen Eigenschaften

1 Für welchen Korrosionsangriff sind wetterfeste Stähle vorgesehen? Wie wird die Wet-terfestigkeit erreicht?

2 a) Nennen Sie das Eigenschaftsprofil kaltzäher Stähle.
   b) Welche mechanische Eigenschaft ist besonders wichtig?
   c) Welche metallurgischen Maßnahmen führen zu diesem Eigenschaftsprofil?

3 a) Welche beiden Legierungselemente findet man immer in austenitischen Stählen?
   b) Wozu dienen sie?

4 a) Warum sollten korrosionsbeständige Stähle möglichst wenig Kohlenstoff enthalten?

   b) Wie kann ein Stahl trotz leicht erhöhten C-Gehaltes noch korrosionsbeständig gehalten werden?

5 Welche wesentliche Eigenschaft müssen warmfeste Stähle haben?

6 Wodurch wird die Festigkeit von warmfesten und hochwarmfesten Stählen erreicht?

7 Welche wesentliche Eigenschaft müssen hitzebeständige Stähle haben?

4.5 bis 4.7 Weitere Stahlgruppen

1 Wodurch wird die schnelle Zerspanbarkeit der Automatenstähle erreicht?

2 a) Was sind Flacherzeugnisse?

   b) Welche Maßnahmen ergeben die Kaltumformbarkeit bei diesen Stählen?

   c) Woran lässt sich die hohe Kaltumformbarkeit eines Stahles im Spannungs-Dehnungs-Diagramm erkennen?

   d) Mit welcher Erscheinung beim Verformen von Blech ist der Verfestigungsexponent n verknüpft?

   e) Wie wirkt sich eine starke ebene Anisotropie im Blech auf das Tiefziehteil aus?

   f) Welche Vorteile bringen *tailored blanks* im Karosseriebau?

3 a) Welche Anforderungen müssen Wälzlagerstähle erfüllen?

   b) Wie werden die Anforderungen erfüllt?

4 a) Welche Anforderungen müssen Federstähle erfüllen?

   b) Wie werden die Anforderungen erfüllt?

5 a) Welche Anforderungen müssen Warmarbeitsstähle erfüllen?

   b) Wie werden diese Anforderungen erfüllt?

6 a) Geben Sie ein Beispiel für einen Schnellarbeitsstahl.

   b) Erklären Sie die Werkstoffbezeichnung.

   c) Wozu werden Schnellarbeitsstähle verwendet?

4.8 Stahlguss

1 Nach welchem Verfahren wird der Großteil des Stahlgusses erzeugt (Begründung)?

2 Begründen Sie die Aussage, dass Stahlguss immer beruhigt vergossen wird.

3 Gussteile aus Stahlguss wird nach dem Putzen nicht sofort zerspanend weiterbearbeitet. Welche Behandlung wird zwischengeschaltet (Begründung)?

4 Nennen Sie zwei herausragende Gießeigenschaften von Stahl als Gusswerkstoff und deren Auswirkungen auf Gießen und Formen.

5 Nennen Sie mindestens drei genormte Typen Stahlguss für besondere Verwendungszwecke.

6 Von den Gusswerkstoffen hat Stahlguss die ungünstigsten Gießeigenschaften. Nennen Sie die Bedingungen, unter denen ein Werkstück trotzdem aus Stahlguss gefertigt wird.

5 Wärmehandlung der Stähle

5.1 Allgemeines

1 Welche Ziele haben alle Verfahren der Wärmebehandlung?
2 Nach den Unterschieden in der Verfahrenstechnik werden sie in vier Gruppen eingeteilt, welche sind es?
3 Wie arbeiten thermische Verfahren?
4 Wie arbeiten thermo-chemische Verfahren?
5 Wie arbeiten thermo-mechanische Verfahren?
6 Wie arbeiten mechanische Verfahren?
7 Skizzieren und erklären Sie allgemein das Prinzip der Wärmebehandlung in einem
Zeit-Temperatur-Schaubild für die Rand- und Kernerwärmung.
8 Welche zwei physikalischen Eigenschaften der Legierung Fe-C ermöglichen die Gefügeänderung der Stähle im festen Zustand?
9 Warum werden die Umwandlungstemperaturen (Haltepunkte) bei der Wärmebehandlung mit den Buchstaben A und nicht mit den jeweiligen Temperaturangaben bezeichnet?
10 Was versteht man unter der *Austenitisierung* des Stahls?
11 Wozu benötigt man ZTA-Diagramme?
12 Wie heißen die zwei Erwärmungsverfahren zur Austenitisierung?
Wie werden sie durchgeführt (Beispiele)?
13 Wie hängt die notwendige Zeit zur vollständigen isothermen Austenitisierung von der
Temperatur ab (Begründung)? Was ist bei der Austenitisierung noch zu beachten?

5.2 Glühverfahren

1 Was ist die maximal mögliche Temperatur für alle Wärmebehandlungen der Stähle
(Begründung)?

© Springer Fachmedien Wiesbaden 2016
W. Weißbach und M. Dahms, *Aufgabensammlung Werkstoffkunde*,
DOI 10.1007/978-3-658-14474-6_5

5.2.1 Normalglühen

1   Zu welchem Zweck werden Stähle normalgeglüht?
2   Bearbeiten Sie folgende Fragen und Aufgaben zum Normalglühen von (1) untereutek-
    toiden, (2) übereutektoiden Stählen:
    a) Auf welche Temperatur wird erwärmt (Begründung)?
    b) Wovon hängt die Haltezeit ab (Begründung)?
    c) Wie muss die Abkühlung verlaufen (Begründungen)?
    d) Skizzieren Sie schematisch den Temperatur-Zeit-Verlauf für das Normalglühen mit
        Angabe der Haltepunkte.
3   Nennen Sie Anwendungsbeispiele für das Normalglühen.
4   Beurteilen Sie die Steigerung der mechanischen Eigenschaften eines Stahlgusses durch
    Normalglühen mit je einem Kreuz.

Eigenschaftsänderung	Schwache	Mittlere	Starke
Festigkeit			
Bruchdehnung			
Kerbzähigkeit			

5.2.2 Glühen auf beste Verarbeitungseigenschaften

Grobkornglühen

1   Welche Eigenschaft soll durch das Grobkornglühen angepasst werden?
2   a) Auf welche Temperaturen wird erwärmt (Begründung)?
    b) Welche Haltezeiten sind erforderlich (Begründung)?
3   Bei welchen Stählen wird das Grobkornglühen angewandt?

Weichglühen

1   Welchen Zweck hat das Weichglühen?
2   Bearbeiten Sie folgende Fragen und Aufgaben zum Weichglühen von (1) untereutek-
    toiden, (2) übereutektoiden Stählen:
    a) Auf welche Temperatur wird erwärmt (Begründung)?
    b) Welche Haltezeiten sind üblich?
    c) Skizzieren Sie schematisch den Temperatur-Zeit-Verlauf für das Weichglühen der
        beiden Stahltypen.

5.2.3 Spannungsarmglühen

1 Beim Spannungsarmglühen werden Eigenspannungen abgebaut.
   a) Wodurch entstehen Eigenspannungen?
   b) Werden die Spannungen vollständig abgebaut (Begründung)?
   c) Eine kaltgezogene Welle steht unter Zugspannungen in der Randzone. Es wird eine Nute eingefräst. Welche Auswirkung hat die Zerspanung auf die Form der Welle, Fall a) oder b) (Begründung)?

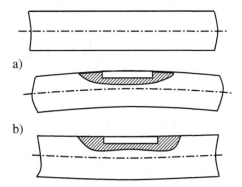

a)

b)

2 Beantworten Sie folgende Fragen zum Spannungsarmglühen von Stahl:
   a) Auf welche Temperaturen wird erwärmt (Begründung)?
   b) Welche Haltezeiten werden angewendet?
   c) Wie muss die Abkühlung verlaufen (Begründung)?
3 Nennen Sie Anwendungsbeispiele für das Spannungsarmglühen.
4 Kann man das Spannungsarmglühen auch bei anderen Werkstoffen als Stahl durchführen (Begründung)?

5.2.4 Diffusionsglühen

1 Welchen Zweck hat das Diffusionsglühen?
2 Beantworten Sie folgende Fragen zum Diffusionsglühen von Stahl.
   a) Auf welche Temperaturen wird erwärmt (Begründung)?
   b) Welche Haltezeiten werden angewandt?
   c) Welche unerwünschten Gefügeveränderungen bringt das Diffusionsglühen mit sich?
   d) Welche Maßnahmen werden angewandt, um die Gefügeveränderungen unter c) zu beseitigen, bzw. zu verhindern?
3 Nennen Sie Anwendungsbeispiele für das Diffusionsglühen.
4 Kann man das Diffusionsglühen auch bei anderen Werkstoffen als Stahl durchführen (Begründung)?

5.2.5 Rekristallisationsglühen

1 Welche Eigenschaft soll durch das Rekristallisationsglühen geändert werden?
2 Rekristallisation findet in einem Gefüge nur statt, wenn zwei Voraussetzungen erfüllt sind. Welche sind es?
3 Wie kann man die Rekristallisationsschwelle eines metallischen Werkstoffes abschätzen?

Bearbeiten Sie folgende Fragen und Aufgaben zum Rekristallisationsglühen von Stahl:

4 Auf welche Temperaturen wird erwärmt (Temperaturbereich und Einflussgrößen)?
5 a) Wie heißt das Diagramm, das die Abhängigkeit der Einflussgrößen bei der Rekristallisation darstellt, welche Größen sind es?
   b) Welche unerwünschte Gefügeveränderung kann bei der Rekristallisation auftreten, unter welchen Bedingungen findet sie statt?
   c) Skizzieren Sie schematisch die Gefügebilder eines kaltverformten und eines rekristallisierten Gefüges.
6 Nennen Sie Anwendungsbeispiele für das Rekristallisationsglühen.
7 Kann man das Rekristallisationsglühen auch bei anderen Werkstoffen als Stahl durchführen (Begründung)?

5.3 Härten und Vergüten

5.3.1 Allgemeines

1 Warum werden manche Stähle bevorzugt vergütet und manche nur gehärtet?
2 Welchen Einfluss hat die steigende Abkühlgeschwindigkeit auf den Austenitzerfall (= Perlitbildung) (Begründung)?

5.3.2 Austenitzerfall

1 Wie wirkt sich die verlangsamte Kohlenstoffdiffusion auf das Gefüge aus (Begründung)?
2 Geben Sie eine schematische Darstellung des Austenitzerfalls bei steigender Abkühlgeschwindigkeit mittels des auf der nächsten Seite folgenden Bildes an (Gefügebilder und -bezeichnungen).

Austenit zerfällt bei Abkühlung durch:			
Ofen	Luft	Bleibad	Wasser

Austenit
0,4 % C

3 Welche Art von Gefüge soll bei richtiger Härtung entstehen?

4 a) Welche Bedeutung hat die kritische Abkühlungsgeschwindigkeit beim Härten?

   b) Welches Gefüge bildet sich aus, wenn diese Geschwindigkeit nicht in allen Teilen des Werkstückes erreicht wird?

5.3.3 Martensit, Struktur und Bedingungen für die Entstehung

1 a) Vergleichen Sie Martensit mit Ferrit.

   b) Womit lässt sich die hohe Härte und Sprödigkeit des Martensits begründen?

   c) Welcher Zusammenhang besteht zwischen Martensithärte und C-Gehalt?

2 Wie verhält sich der Austenit bei Abkühlung mit einer Geschwindigkeit, die schneller als die obere kritische Abkühlungsgeschwindigkeit ist?

3 Welche Größe hat Einfluss auf die Lage des M_S-Punktes, wie ist der Einfluss (Begründung)?

4 Erfolgt die Martensitbildung bei konstanter Temperatur, wie z. B. die Perlitbildung (Begründung)?

5 Für Stähle mit höheren C-Gehalten liegt der Endpunkt M_f unter Raumtemperatur. Welche Auswirkungen ergeben sich daraus für

   a) die Gefügeausbildung,

   b) für die Gesamthärte?

6 Durch welche Maßnahme kann der Restaustenit der C-reichen Stähle beseitigt werden?

5.3.4 Härtbarkeit der Stähle

1 Welche physikalische Eigenschaft des Stahles führt beim Abschrecken größerer Werkstücke zu großen Temperaturunterschieden zwischen Kern und Rand?

2 Was versteht man unter der *Härtbarkeit* eines Stahls? Erklärung mit zwei Begriffen.

3 Welche Folgen haben die großen Unterschiede der Abkühlungsgeschwindigkeit zwischen Rand und Kern des Werkstückes für die Härteannahme von Stählen?

4 Welche Faktoren beeinflussen die Härtbarkeit?

5   Was versteht man unter der *Durchhärtung* eines Werkstückes?

6   Wie beeinflussen gelöste LE die Härtbarkeit von Stählen?

7   Welche Einhärtungstiefe kann bei unlegierten Stählen erreicht werden (Begründung)?

8   Welche drei Maßnahmen vergrößern die Einhärtungstiefe bei Stählen (Aufzählung)?

9   Wasser mit Zusätzen (NaOH, Cyansalze) als Abkühlmittel ergibt eine größere Einhärtungstiefe. Begründen Sie diese Erscheinung.

10 Welche Nachteile hat das Abkühlmittel Salzwasser?

11 a) Welche Auswirkungen haben steigende Gehalte an Karbidbildnern auf die Perlitbildung beim Abkühlen des Stahles? Nennen Sie drei Erscheinungen.

     b) Welcher Zusammenhang lässt sich aus a) auf den Zusammenhang zwischen Gehalt an Karbidbildnern und Einhärtungstiefe folgern?

12 Welches der folgenden Legierungselemente ist kein Karbidbildner: Cr, Ni, Mo, W, Nb, V?

13 Stähle der gleichen genormten Sorte, die aus unterschiedlichen Lieferungen stammen, können unterschiedlich tief einhärten. Geben Sie zwei Gründe für diese Erscheinung an.

5.3.5 Verfahrenstechnik

1   In welche drei Teilschritte wird das gesamte Vergüten eingeteilt?

2   Auf welche Temperaturen müssen Stähle zum Härten erwärmt werden (Begründung):
    a) untereutektoide,
    b) übereutektoide?

3   Welche Gefügeumwandlung muss beim Abkühlen des Stahles verhindert werden?

4   Nennen und erklären Sie zwei wichtige Fehler beim Austenitisieren (Erwärmen) des Stahls.

5   a) Der Zerfall des Austenits in Perlit geht bei etwa 550 °C am schnellsten vor sich. Begründen Sie diese Erscheinung.
    b) Skizzieren Sie schematisch den Verlauf der Zerfallsgeschwindigkeit Austenit-Perlit bei sinkender Temperatur.

6   Welche Abkühlwirkung muss ein ideales Abkühlmittel haben?

7   a) Durch welche Maßnahmen kann die Abkühlwirkung eines Abkühlmittels verändert werden (1, 2)?
    b) Nennen Sie Abkühlmittel geordnet nach steigender Abkühlwirkung.

8   Alle flüssigen Abkühlmittel zeigen ähnliche Kennlinien der Abkühlwirkung. Es lassen sich drei Phasen mit unterschiedlichem Wärmeentzug erkennen, die ineinander übergehen. Nennen Sie die Vorgänge am Werkstück bei diesen Phasen. Bewerten Sie den Grad des Wärmeentzugs mit Begründung.

Phase	Vorgänge am Werkstück	Wärmeentzug hoch/gering	Begründung
−1			
−2			
−3			

9 Erklären Sie den Aufbau und die Vorteile des *Wirbelbett-Verfahrens*.

10 Von welchen zwei Haupteinflussgrößen ist der Anlassvorgang abhängig, welcher ist wirksamer?

11 Warum müssen Warmarbeitsstähle (z. B. für Gesenke, Druckgussformen) 50...100 °C über die höchsten auftretenden Arbeitstemperaturen des Werkzeuges angelassen werden?

12 Wie kann man die Anlasstemperaturen einfacher Werkzeuge abschätzen?

13 Wie soll ein Werkstück nach dem Anlassen abgekühlt werden?

5.3.6 Härteverzug und Gegenmaßnahmen

1 a) Nennen Sie die zwei Arten von Härtespannungen.
  b) Welche Ursachen haben Härtespannungen? Wie entstehen sie?
  c) Welche Auswirkungen haben Härtespannungen auf das Werkstück? Welche Folgen ergeben sich daraus für den Fertigungsablauf?

2 Die wirtschaftliche Fertigung erfordert verzugsarmes Härten. Nennen Sie drei wichtige vorbeugende Maßnahmen.

3 Beim unterbrochenen Abschrecken wird, um einen Härteverzug vorzubeugen, die Perlitstufe schnell durchlaufen, danach langsamer abgekühlt. Welchen Einfluss hat diese Maßnahme auf die Entstehung der Wärme- und Umwandlungsspannungen?

4 Skizzieren Sie schematisch den Temperatur-Zeit-Verlauf folgender Abkühlarten:

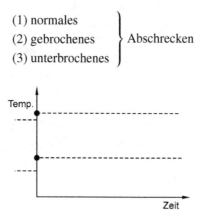

5.3.7 Zeit-Temperatur-Umwandlung (ZTU-Schaubilder)

1　Warum kann man aus den EKD nicht den Geschwindigkeits- und Temperaturverlauf, von z. B. der Perlit- oder Austenitentstehung, ablesen?

2　Was versteht man unter
　　a) kontinuierlicher Abkühlung,
　　b) isothermer Umwandlung?

3　Warum werden in der Härtetechnik ZTU-Schaubilder verwendet?

4　Zeichnen Sie schematisch ein kontinuierliches ZTU-Diagramm eines untereutektoiden Stahles.

5　Erklären Sie die kontinuierliche Abkühlung des Stahls C45E für Rand- und Kernabkühlung am nachstehenden ZTU-Diagramm.

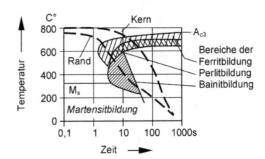

6　Vergleichen Sie die Abkühlung des Stahles 41Cr4 (nachstehenden Bild) mit der des C45.

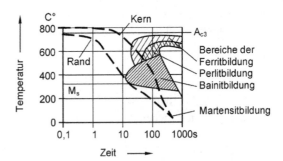

7　Warum kann ein Stahl auch bainitisiert werden, statt ihn zu vergüten?

8　Wie kann man in einem Stahl reinen Bainit herstellen?

9　Erklären Sie die Bainitisierung des Vergütungsstahles 36CrNiMo am ZTU-Diagramm auf der nächsten Seite oben für isotherme Abkühlung.

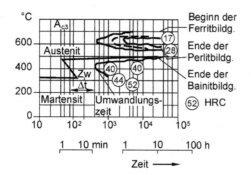

5.3.8 Vergüten

1 Welche beiden mechanischen Eigenschaften sollen bei Konstruktionsstählen durch das Vergüten gegenüber dem normalisierten Zustand erhöht werden?

2 Skizzieren und erklären Sie die Werkstoffeigenschaften zwischen normalisiertem, gehärtetem und vergütetem Stahl in einem Spannungs-Dehnungs-Schaubild (σ–ε).

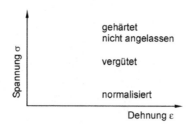

3 Warum wird häufig normalisiert statt vergütet, obwohl die wesentlichen Eigenschaften gegenüber dem normalisierten Stahl zurückstehen?

4 Warum ist ein vergüteter Stahl bei höherer Festigkeit zäher als ein normalisierter Stahl?

5 Warum liegen die C-Gehalte der Vergütungsstähle im Allgemeinen zwischen etwa 0,25...0,6 % C?

6 Bis zu welchem Durchmesser findet bei unlegierten Stählen eine vollständige Vergütung statt?

7 Was versteht man unter Vergütungsstählen (Gehalte an C und LE)?

8 Nennen Sie Teile, z. B. aus dem Kfz-Bau, die aus Vergütungsstählen bestehen.

9 Warum hat bei kompliziert gestalteten Teilen mit Kerben und schroffen Querschnittsübergängen ein zäher Stahl eine hohe Sprödbruchsicherheit?

10 Was versteht man unter Anlasssprödigkeit? Wie lässt sie sich vermeiden?

11 Bei einem Vergütungsstahl besteht zum Erreichen einer bestimmten Härte die Möglichkeit, entweder

a) kurz bei einer höheren oder

b) länger bei einer tieferen Temperatur anzulassen.

Nennen Sie Vor- bzw. Nachteile für a) und b).

12 Ein Achszapfen aus C45 soll eine sehr hohe Zähigkeit bei gleichzeitig hoher Festigkeit aufweisen.

a) Mit welchem Wärmebehandlungsverfahren lassen sich die gewünschten Eigenschaften erreichen?

b) Beschreiben Sie den Verfahrensablauf.

c) Welche Vorgänge laufen dabei im Inneren des Werkstoffes ab?

d) Was könnte man am Verfahren ändern, wenn ein mit Cr oder Mo legierter Stahl bei gleichem Kohlenstoffgehalt verwendet würde?

5.4 Aushärten

5.4.1 Allgemeines

1 Wie lässt sich die Härtesteigerung erklären

a) bei der Härtung (Abschreckhärtung, Martensitbildung),

b) bei der Aushärtung (Ausscheidungshärtung)?

5.4.2 Verfahren

1   Wie muss die Löslichkeit zweier Metalle im festen Zustand beschaffen sein, damit diese ein aushärtbares Legierungssystem bilden?

2   Was ist die Ursache der Ausscheidungsvorgänge?

3   Welche drei Prozesse sind beim Aushärten zu beachten?

4   Welchen Einfluss hat der Teilchenabstand der intermetallischen Verbindungen bei der Aushärtung eines Werkstoffes auf seine Festigkeit (Begründung)?

5   Welcher Unterschied besteht zwischen Kalt- und Warmaushärtung?

6   Was versteht man bei der Aushärtung unter folgenden Begriffen:

a) kohärenten Ausscheidungen,

b) inkohärenten Ausscheidungen?

Welche Wirkungen haben a) und b) im Gefüge?

7   Was versteht man unter *Überalterung*?

8   Die Aushärtung eines Werkstoffes erfolgt in drei Schritten. Beschreiben Sie die Schritte anhand der Übersicht.

Schritt (Name)	Innere Vorgänge (beabsichtigte Änderung)	Verfahren

9   Für welches Metall hat die Aushärtung die breiteste Anwendung gefunden, welche Eigenschaftskombination soll damit erreicht werden?

10 Welche Eigenschaftskombination wird bei Cu-Legierungen, niedriglegiert, durch das Aushärten erreicht?

11 Zeichnen Sie bei Warmauslagerung schematisch den Verlauf der Härte über der Zeit während des letzten Wärmebehandlungsschrittes bis zu sehr großen Zeiten. Erklären Sie den Kurvenverlauf.

5.4.3 Ausscheidungshärtende Stähle

1   Aushärten wird für eine Gruppe von Werkzeugstählen angewandt. Nennen Sie den Namen der Gruppe und zwei wesentliche Eigenschaften, die angepasst werden.

2   Welches Eigenschaftsprofil haben die hochlegierten, martensitaushärtenden Stähle? Geben Sie eine qualitative Bewertung der Festigkeits- und Verformungskennwerte sowie einer technologischen Eigenschaft.

5.4.4 Vergleich Härten/Vergüten und Aushärtung

1   Welche wesentlichen Unterschiede bestehen im Gefüge und der Härteverteilung bei Aushärtung und Vergütung? Beantworten Sie die Fragen der Übersicht anhand des Schaubildes, das schematisch den Zeit-Temperatur-Verlauf für Vergütung und Aushärtung zeigt.

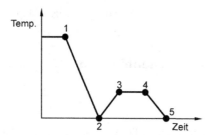

Frage		Härtung	Aushärtung
Welches Gefüge liegt vor?	Bei 2		
	Bei 5		
An welchem Punkt tritt höchste Härte auf?			
Wo ist der Werkstoff gerade noch gut verformbar?			
Wie ist die Härte über dem Querschnitt dicker Teile verteilt?			

2 Warum sinkt bei der Vergütung zwischen Punkt 3 und 4 im Regelfall die Härte, während sie bei der Aushärtung steigt?

5.4.5 Ausscheidungsvorgänge mit negativen Auswirkungen

1 Was versteht man unter der *Alterung* von Stahl, welche Folgen hat sie auf die mechanischen Eigenschaften?
2 Was versteht man unter der *Reckalterung* des Stabes, welche Folgen hat sie auf die mechanischen Eigenschaften des Stahles?
3 Warum bilden sich Ausscheidungen besonders leicht an Gitterfehlern?
4 Was versteht man unter der *künstlichen Alterung* des Stahles, welche technische Bedeutung hat sie?
5 Erläutern Sie, wie sich der Aushärtungseffekt bei pulvermetallurgisch hergestellten Werkstoffen auswirken kann.

5.5 Thermomechanische Verfahren

1 Welches werkstofftechnische Ziel verfolgen thermomechanische Verfahren?
2 Wie wird bei der thermomechanischen Behandlung ein feines Gefüge erreicht?
3 Wodurch wird bei TM-Stählen die Festigkeit nicht erreicht? Was hat das für Konsequenzen bezüglich der Verarbeitungseigenschaften?
4 Wie erreicht man beim normalisierenden Warmwalzen ein möglichst feinkörniges Gefüge?
5 Was ist bei der Verarbeitung von TM-Stählen zu beachten?

5.6 Verfahren der Oberflächenhärtung

5.6.1 Überblick

1 Erläutern Sie die Arbeitsteilung, die den Verfahren der Oberflächentechnik zugrunde liegt.
2 Welche Aufgabe hat die evtl. vorhandene Zwischenschicht?
3 Bei einigen Verfahren ergibt sich Erhöhung von mechanischen Eigenschaften.
   a) Welche Eigenschaft wird erhöht?
   b) Unter welchen Voraussetzungen tritt die Wirkung auf?
   c) Nennen Sie Beispiele.
4 Welche Eigenschaftskombination soll durch die Verfahren des Oberflächenhärtens erreicht werden?
5 Nennen Sie Bauteile, die nach diesen Verfahren behandelt werden.

5.6.2 Randschichthärten

1 Welche gemeinsamen Merkmale haben die thermischen Verfahren?
2 Welche Verfahren gehören zu dieser Gruppe?
3 Welche Wärmequellen werden benutzt (Aufzählung nach steigender spezifischer Leistung)?
4 Welche physikalische Eigenschaft des Stahles wird bei den oben beschriebenen Verfahren ausgenutzt?
5 a) Wovon hängt die Härte der Randschicht in Stahl im Wesentlichen ab?
   b) Wovon hängt die Dicke der gehärteten Randschicht (Einhärtungstiefe) ab?
   c) Nach welchem Verfahren lassen sich auch kleine Querschnitte randschichthärten?
6 Welche Vorteile besitzt das Induktionshärten gegenüber dem Flammhärten:
   a) energetisch,
   b) für den Werkstoff,
   c) im Verfahren?
7 Sind alle Vergütungsstähle grundsätzlich zum Randschichthärten geeignet (Begründung)?

5.6.3 Einsatzhärten

1 Was versteht man unter Einsatzhärten?
2 Welche Zusammensetzung haben Einsatzstähle (Gehalte an C und LE)?
3 Warum werden z. B. große Zahnräder im Nutzfahrzeugbau aus dem Stahl 18CrNi-Mo7-6 hergestellt und nicht aus 16MnCr5?
4 Welche physikalischen Vorgänge liegen allen Aufkohlungsverfahren zu Grunde?
5 Welche Einflussgrößen bestimmen die Randhärte?
6 Welche Einflussgrößen bestimmen die Kohlungstiefe?
7 In nachstehender Übersicht sollen die Unterschiede zwischen den drei Kohlungsverfahren gegenübergestellt werden.

Merkmal	Aufkohlung durch		
	Pulver	Gas	Salzbad
C-Träger			
Wärmequelle			
Werkstückgröße			
Kohlungstiefe			
Besondere Vorteile			
Besondere Nachteile			

8 Welche drei Möglichkeiten gibt es beim Einsatzhärten, stellenweise eine weiche Randschicht zu erhalten?
9 Warum dürfen hochbeanspruchte, stoßbelastete Teile nicht direkt aus der Aufkohlungshitze zum Härten abgekühlt werden?

10   Was versteht man unter Direkthärten von Einsatzstählen (Vorteile/Nachteile)?

11   Was versteht man unter dem Doppelhärten von Einsatzstählen (Vorteile/Nachteile)?

12   Was versteht man unter dem Einfachhärten?

13   Welche drei hauptsächlichen Fehler können bei der Einsatzhärtung auftreten?

14   Ein Bolzen aus dem Werkstoff 16MnCr5 soll in der Randzone auf eine Tiefe von 0,5 mm gehärtet werden und dabei mindestens eine Härte von 700 HV erreichen. Wählen Sie dafür das geeignete Verfahren und begründen Sie Ihre Wahl.

5.6.4 Nitrieren, Nitrokarburieren

1   Worauf ist die Härteannahme der Randschicht beim Nitrieren zurückzuführen?

2   Unter welchen Verfahrensbedingungen entsteht allgemein bei allen Verfahren die harte Randschicht?

3   Welche inneren Vorgänge laufen beim Nitrieren ab?

4   Welche Eigenschaften hat die Randschicht nach dem Nitrieren (nennen Sie vier günstige, und eine ungünstige)?

5   Nitrierschichten sind wesentlich dünner als Einsatzschichten. Welche Forderung ergibt sich daraus für
    a) den Kernwerkstoff,
    b) für die Randschicht selbst?

6   Welche Werkstoffe lassen sich nitrieren, welche sind besonders dafür geeignet?

7   Nitrierstähle werden meist im vergüteten Zustand nitriert. Was folgern Sie daraus über die Nitriertemperatur?

8   Nitrieren kann nach drei Verfahren durchgeführt werden. Geben Sie Namen, Stickstofflieferant und wesentliche Anwendungen an.

9   Welchen wichtigen Vorteil haben die Verfahren des Nitrierens gegenüber den Verfahren mit Martensitbildung?

10   Warum sind Nitrierschichten viel dünner als Einsatzschichten?

11   Welchen wesentlichen Vorteil hat das Nitrieren gegenüber dem Einsatzhärten?

5.6.6 Mechanische Verfahren

1   Nennen Sie zwei mechanische Verfahren zur Oberflächenbehandlung. Wozu dienen sie?

2   Warum wird durch Verfestigungswalzen und Kugelstrahlen die Dauerfestigkeit eines Bauteils erhöht?

3   Kann man alle Bauteile, die man verfestigungswalzen kann, auch kugelstrahlen? Begründen Sie Ihre Aussage.

4   Wie stellt man das Gewinde einer hochfesten Schraube aus werkstofftechnischer Sicht sinnvollerweise her (Begründung)? Was ist der Nachteil des gewählten Vorgehens?

6 Eisen-Gusswerkstoffe

6.1 Übersicht und Einteilung

1 Gusswerkstoffe müssen eine Kombination von vier technologischen Eigenschaften besitzen. Stellen Sie diese den Auswirkungen auf Fertigungsverfahren und Gussteilen gegenüber.

2 Durch Gießen lassen sich Werkstücke von fast beliebiger Gestalt herstellen. Wie kann man diese Tatsache nutzen, um die Kerbempfindlichkeit von Gusswerkstoffen zu kompensieren?

3 Die *Grob*einteilung der Eisen-Gusswerkstoffe erfolgt nach Gefügemerkmalen in fünf große Gruppen. Nennen Sie die genormten Bezeichnungen, Kurzzeichen und das kennzeichnende Gefügemerkmal.

6.2 Allgemeines über die Gefüge- und Graphitausbildung bei Gusseisen

1 Vergleichen Sie Stahlguss und Grauguss in neben stehenden Merkmalen.

	Erstarrungs-Form	C liegt vor als
Stahlguss		
Grauguss		

2 Begründen Sie, in welcher Erscheinungsform (Fe_3C oder Graphit) die Kristallbildung des Kohlenstoffs aus der Schmelze *schneller* erfolgt.

© Springer Fachmedien Wiesbaden 2016
W. Weißbach und M. Dahms, *Aufgabensammlung Werkstoffkunde*,
DOI 10.1007/978-3-658-14474-6_6

49

3   LE beeinflussen die Erstarrungsform der Fe-C-Legierungen. Nennen Sie mindestens
    die beiden wichtigsten LE mit gegensätzlichen Wirkungen.

Erstarrungs-Form	Legierungselemente
Stabil (Graphit)	
Metastabil (Fe_3C)	

4   Durch welche beiden Maßnahmen lässt sich mit Sicherheit eine *stabile* Erstarrung
    eines Gussteiles erreichen?
5   Ordnen Sie die Felder des Diagramms den folgenden Gusswerkstoffen zu:

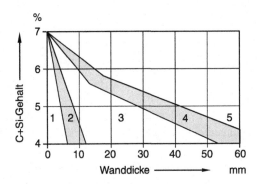

Nr.	Gusswerkstoff
	ferritisches Gusseisen
	ledeburitischer Hartguss
	Perlitguss
	meliertes Eisen
	ferritisch-perlitisches Gusseisen

6   Was verstehen Sie unter Wanddickenempfindlichkeit?
7   Wie beeinflussen Form und Größe der Graphitkristalle die Eigenschaften der Fe-C-
    Gusslegierungen?

Eigenschaft	Graphitausbildung wird feiner
Zähigkeit	
Festigkeit	
Plastische Verformbarkeit	

8   Warum weist Kugelgraphitguss von allen Fe-C-Legierungen die stahlähnlichsten Ei-
    genschaften auf?
9   Sortengleiche Gusslegierungen mit gleicher Brinellhärte können sich in ihrer Zugfes-
    tigkeit stark unterscheiden. Begründen Sie diese Erscheinung.

6.3 Gusseisen mit Lamellengraphit GJL (DIN EN 1561/11)

1   a) Wie lautet die normgerechte Bezeichnung für eine der Sorten *Gusseisen mit La-
        mellengraphit*? Welche Bedeutung hat die angegebene Zahl?
    b) Welchen Bereich überdecken die o. a. genormten Sorten?

2 Beurteilen Sie die Eigenschaften von GJL (ankreuzen und begründen).

Eigenschaft	Beurteilung	Begründung
Gießbarkeit		
Zerspanbarkeit		
Verformbarkeit		
Druckfestigkeit		
Dämpfung		
Korrosionsbeständigkeit		
Notlaufeigenschaften		

3 Was ist der wesentliche werkstofftechnische Vorteil von GJL gegenüber den anderen Gusseisensorten und auch gegenüber Stahlguss?

6.4 Gusseisen mit Kugelgraphit GJS (DIN EN 1563/11)

1 a) Auf welche Weise wird die kugelförmige Ausbildung der Graphitkristalle erreicht?
   b) Welche Bezeichnungen existieren außer der genormten Kugelgraphitguss noch?
2 a) Wie lautet die normgerechte Bezeichnung für eine der Sorten *Gusseisen mit Kugelgraphit*? Welche Bedeutung haben die angegebenen Zahlen?
   b) Welchen Bereich überdecken die genormten Sorten?
   c) Durch welche Gefügemerkmale wird bei den Sorten die zunehmende Festigkeit erreicht?
3 Gusseisen mit Kugelgraphit unterscheidet sich von Gusseisen mit Lamellengraphit in drei mechanischen Eigenschaften besonders stark. Nennen Sie Eigenschaften und Unterschiede.
4 Beim Vergleich der mechanischen und technologischen Eigenschaften aller Gusswerkstoffe des Eisens ergibt sich für Gusseisen mit Kugelgraphit ein Anwendungsbereich. Beschreiben Sie ihn.

6.5 Temperguss GJMW/GJMB (DIN EN 1562/12)

1 a) Welches Gefüge liegt beim Temperrohguss vor?
   b) Durch welche metallurgische Maßnahme wird es erreicht?
   c) Warum sind beim Temperguss die Wanddicke und Werkstückmasse nach oben begrenzt?
2 a) Welches Gefüge liegt beim entkohlend geglühten Temperguss vor?
   b) Durch welche technologische Maßnahme wird es erreicht?

3   a) Welches Gefüge liegt beim nicht entkohlend geglühten Temperguss vor?

    b) Durch welche technologische Maßnahme wird es erreicht?

4   a) Wie lautet die normgerechte Bezeichnung für die Sorten Temperguss?

    b) Welchen Bereich überdecken die genormten Sorten?

    c) Für welche besondere Anwendung ist die Sorte GJMW-360-12 genormt?

5   Auf welche Weise wird die Ausbildung des Grundgefüges gesteuert; welche Grundgefüge haben die Tempergusssorten?

6   In welchem Produktionszweig des Maschinenbaus wird der größte Teil der Tempergusserzeugnisse verbraucht? Nennen Sie Beispiele für solche Teile aus Temperguss.

6.6 Gusseisen mit Vermiculargraphit

1   Welche Gefügemerkmale hat Gusseisen mit Vermiculargraphit?

2   GJV hebt sich durch bestimmte thermische Eigenschaften von den anderen Sorten ab. Nennen Sie einige.

3   Nennen Sie Anwendungen für GJV auf Grund seiner thermischen Eigenschaften.

6.7 Sonderguss

1   Welche vier Hauptsorten gehören zu dieser Gruppe?

2   a) Austenitische Gusseisen gibt es in zwei Gruppen. Wie unterscheiden sie sich?

    b) Wodurch wird bei diesen Sorten das austenitische Gefüge erzeugt?

3   Wodurch erhält säurebeständiges Gusseisen diese Eigenschaft?

7 Nichteisenmetalle

7.1 Allgemeines

1 a) Welche vier der genannten Metalle kommen in der Erdrinde am häufigsten vor?
Zn, Mg, Ti, Al, Fe, Cu, Pb

   b) Ordnen Sie die vier Metalle nach abnehmender Häufigkeit.

2 Nennen Sie mindestens vier herausragende Eigenschaften der NE-Metalle (gegenüber unlegiertem Stahl) und je einen typischen Vertreter dazu.

Beispiel:

Eigenschaft	Metall oder Legierung
Höhere Verformbarkeit	Ag, Au

7.2 Bezeichnung von NE-Metallen und -Legierungen

1 Wie werden reine NE-Metalle mit Kurzzeichen benannt? Geben Sie dazu Beispiele an.

2 Wie werden Legierungen der NE-Metalle mit Kurzzeichen benannt? Geben Sie dazu Beispiele an.

3 Welche Bedeutung hat das nachgestellte F mit einer Zahl hinter dem Kurzzeichen eines NE-Metalles?

4 NE-Metalle werden je nach der Art der Weiterverarbeitung zum Werkstück in zwei Gruppen eingeteilt. Nennen Sie die Namen dieser Werkstoffgruppen mit je zwei typischen Eigenschaften (auch Gefügemerkmalen).

5 a) Woran lassen sich die verschiedenen Gießarten im Kurzzeichen erkennen?

   b) Welchen Einfluss haben die Gießarten auf den Abkühlungsverlauf und damit auf das Gefüge und dessen Festigkeit und Dehnung?

© Springer Fachmedien Wiesbaden 2016
W. Weißbach und M. Dahms, *Aufgabensammlung Werkstoffkunde*,
DOI 10.1007/978-3-658-14474-6_7

7.3 Aluminium

7.3.1 Vorkommen und Gewinnung

1   Wie wird Reinaluminium aus seinen Rohstoffen erzeugt? Nennen Sie:
    a) den Rohstoff und seine wesentlichen Bestandteile,
    b) das Aufbereitungsverfahren (Name) und seine fünf grundsätzlichen technologischen Vorgänge (mit Erläuterung).
    c) Wie heißt das Endprodukt des Aufbereitungsverfahrens (Name, Formel)?
    d) Wie heißt das Reduktionsverfahren? Nennen Sie seine Merkmale (Name, Anlage, Kathode, Anode, Elektrolyt).
2   Reines Aluminiumoxid hat einen Schmelzpunkt von über 2000 °C. Wodurch ist es möglich, seine Reduktion bei etwa 950 °C durchzuführen?

7.3.2 Einteilung der Al-Knetwerkstoffe

1   Wie werden die Aluminium-Knetwerkstoffe nach Nummern bezeichnet?

7.3.3 Unlegiertes Aluminium, Serie 1000

1   a) Welche Auswirkung hat das kubisch-flächenzentrierte Gitter auf die mechanischen Eigenschaften des Al?
    b) Welche Eigenschaft lässt sich qualitativ aus der Stellung des Al im Periodensystem folgern?
2   a) Ist Aluminium elektrochemisch gesehen eher korrosionsbeständig oder korrosionsanfällig?
    b) Worauf beruht die praktisch gute Korrosionsbeständigkeit des Rein-Al?
    c) Wie kann die Korrosionsbeständigkeit verstärkt werden (Verfahren, prinzipielle Arbeitsweise)?
    d) Welche Stoffe greifen Al an (Begründung)?
3   Welche Anwendungen des Reinaluminiums ergeben sich auf Grund seiner hohen Korrosionsbeständigkeit und
    a) der Kaltformbarkeit,
    b) der elektrischen Leitfähigkeit,
    c) der Polierbarkeit,
    d) der geringen Dichte,
    e) der Wärmeleitfähigkeit?
4   Welche Anwendungen hat das Aluminium auf Grund der hohen Bildungswärme seines Oxids gefunden?

7.3.4 bis 7.3.5 Aluminium-Legierungen

1 Ziel des Legierens ist es, Eigenschaften des Reinaluminiums zu verändern.
   a) Welche Eigenschaften sollen in welche Richtung verändert werden?
   b) Welche sollen möglichst erhalten bleiben?
   c) Nennen Sie mindestens drei von fünf wichtigen LE.

2 a) Wie wirken sich *kleine* Anteile an LE im Aluminium auf das Gefüge aus?
   b) Wie ändern sich dabei Festigkeit und plastische Verformbarkeit?

3 a) Wie wirken sich *größere* Anteile an LE im Aluminium auf das Gefüge aus?
   b) Wie ändern sich dabei Festigkeit und plastische Verformbarkeit?

4 a) Welche Wirkung haben die LE auf die Korrosionsbeständigkeit unter Berücksichtigung der elektrochemischen Spannungsreihe der Elemente?
   b) Welche Folgeerscheinung ergibt sich bei Verwendung von Legierungen, die teilweise aus Al-Schrott hergestellt wurden?

5 Tragen Sie die Hauptlegierungselemente der Legierungsreihen 1000 bis 7000 ein und kreuzen Sie die Eigenschaften der Legierungsreihen an.

Reihe Eigenschaften	1000	2000	3000	4000	5000	6000	7000
Hauptlegierungselement							
Unlegiert							
Nicht aushärtbar							
Aushärtbar (selbstaushärtend)							
Sehr gut korrosionsbeständig							
Wenig korrosionsbeständig							
Höchste Festigkeit							
Reihe enthält Automatenlegierungen							
Für Lebensmittelkontakt ungeeignet							

6 Welche Sorten der Gusslegierungen haben:
   a) besondere Gießbarkeit,
   b) keine Seewasserbeständigkeit,
   c) Seewasserbeständigkeit,
   d) besondere anodische Oxidierbarkeit,
   e) höchste Korrosionsbeständigkeit und besondere Gießbarkeit und Schweißeignung,
   f) hohe Festigkeit und Seewasserbeständigkeit,
   g) hohe Festigkeit und besondere Polierbarkeit?

7.3.6 Aushärten der Aluminium-Legierungen

1 a) Welche drei Arbeitsgänge gehören zur Wärmebehandlung *Aushärten*? Beschreiben Sie die inneren Vorgänge, die dabei ablaufen.

   b) Wie können die inneren Vorgänge beim letzten Arbeitsgang verzögert oder sogar verhindert werden?

2 Muss für das Warmauslagern einer Al-Legierung eine bestimmte Temperatur und Zeit eingehalten werden, oder sind diese oberhalb einer bestimmten Temperaturschwelle beliebig (Begründung)?

3 Was bedeutet Selbstaushärtung, welche Folgen hat sie

   a) bei Knetlegierungen,

   b) bei Gusslegierungen?

4 Kann es beim Kaltauslagern zu einer Vergröberung von Ausscheidungen kommen (Begründung)?

5 a) Wie kann man ausgehärtetes Aluminium wieder entfestigen?

   b) Was passiert bei diesem Vorgang?

   c) Nennen Sie einen technologischen Prozess, bei dem ausgehärtetes Aluminium ungewollt entfestigt wird.

7.4 Kupfer

1 Was sind die Hauptgründe, Kupfer und Kupferlegierungen in der Technik zu verwenden?

2 Beurteilen Sie die Zerspanbarkeit von Reinkupfer.

3 Wie kann man die Zerspanbarkeit von Kupfer erhöhen?

4 Wie kann die Wasserstoffkrankheit entstehen?

5 Wozu werden niedriglegierte Kupfersorten gebraucht?

6 a) Was ist Messing?

   b) Warum ist Messing fester als reines Kupfer?

   c) Geben Sie ein Beispiel für eine Messinglegierung (Kurzname).

   d) Erläutern Sie die Werkstoffbezeichnung.

   e) Wozu könnte man diesen Werkstoff verwenden?

7 Wozu werden CuSn-Legierungen (Bronzen) verwendet?

8 Nennen Sie eine hervorragende Eigenschaft von CuAl-Gusslegierungen und einen daraus resultierenden wichtigen Einsatz.

7.5 Magnesium

1 Was sind die Hauptgründe, Magnesium und Magnesiumlegierungen in der Technik zu verwenden?

2 Was sind die problematischen Eigenschaften für die großtechnische Verwendung von Magnesium?

3 Nennen Sie Haupteinsatzgebiete von Magnesiumlegierungen.

7.6 Titan

1 Was sind die Hauptgründe, Titan und Titanlegierungen in der Technik zu verwenden?

2 Was sind für die großtechnische Verwendung problematische Eigenschaften von Titan?

3 Nennen Sie Haupteinsatzgebiete von Titanlegierungen.

4 Nennen Sie ein Anwendungsgebiet von unlegiertem Titan.

5 Nennen Sie die wichtigste Titanlegierung und eine erreichbare 0,2 %-Dehngrenze.

7.7 Nickel

1 Was sind die Hauptgründe, Nickel und Nickellegierungen in der Technik zu verwenden?

2 Nennen Sie Haupteinsatzgebiete von Nickellegierungen.

3 Nennen Sie Bauteile, die im Regelfall aus Nickellegierungen hergestellt werden.

4 Was sind die Hauptanforderungen an eine Heizleiterlegierung?

5 Was versteht man unter einer Superlegierung? Nennen Sie die wichtigste Eigenschaft, wie man diese erreicht und das Hauptanwendungsgebiet.

8 Nichtmetallisch-anorganische Werkstoffe

1   Keramische Stoffe werden in drei Gruppen nach ihrer chemischen Struktur eingeteilt. Nennen Sie die Gruppen mit je einem Werkstoff daraus.

2   Welche chemische Bindungsarten liegen bei der technischen Keramik vor?

3   Keramiken verhalten sich auf Grund von Bindungsart und Kristallgitter deutlich anders als die Metalle (Tabelle).

Eigenschaft	Begründung, Ursache
Elektrische Leitfähigkeit (Beispiel)	Isolatoren, da keine freien Elektronen im Gitter

4   Welches Fertigungsverfahren wird hauptsächlich für Bauteile aus keramischen Stoffen angewandt (Begründung)?

5   Welche Verfahren gibt es, um die Dichte eines keramischen Körpers gegenüber der reinen Sinterdichte zu erhöhen?

6   Die Eigenschaften keramischer Stoffe entstehen erst beim Formgebungsprozess. Deshalb sind sie von den Verfahrensbedingungen abhängig. Welche Einflussgrößen gibt es?

7   Welche Größen beeinflussen außer der chemischen Zusammensetzung wesentlich die mechanischen Eigenschaften von keramischen Körpern (Begründung)?

8   Für thermisch hochbeanspruchte Bauteile wie z. B. Abgasturbinenläufer hat sich ein nicht-oxidkeramischer Stoff hervorgehoben.
    a) Wie heißt er?
    b) Warum wird gerade er verwendet?
    c) Welche Herstellungsart führt zu höchsten mechanischen Eigenschaften (Begründung)?

© Springer Fachmedien Wiesbaden 2016
W. Weißbach und M. Dahms, *Aufgabensammlung Werkstoffkunde*,
DOI 10.1007/978-3-658-14474-6_8

9   a) Geben Sie ein Anwendungsbeispiel von Aluminiumoxid.

     b) Warum wird hier Aluminiumoxid verwendet?

10   a) Geben Sie ein Anwendungsbeispiel für Siliziumkarbid.

     b) Warum wird hier Siliziumkarbid verwendet?

11   Überlegen Sie, welchen Einfluss die Eigenschaften Wärmeausdehnungskoeffizient und Elastizitätsmodul auf das Thermoschockverhalten eines keramischen Werkstoffes haben.

12   a) Wozu dient die λ-Sonde im Benzinmotor?

     b) Welcher keramische Werkstoff wird in der λ-Sonde benutzt?

     c) Welche Eigenschaft des Werkstoffes wird in der λ-Sonde ausgenutzt?

13   Welche Eigenschaften des Graphits sind technisch bedeutsam?

9 Kunststoffe (Polymere)

9.1 Allgemeines

1 Metalle bestehen aus *Kristallen*, deren Kristallgitter in meist *dichter* Packung mit *starker Metall*bindung zusammenhalten. Woraus bestehen im Vergleich dazu die Kunststoffe?

2 a) Nennen Sie mindestens vier Elemente, aus denen die Kunststoffe bestehen.

b) Ordnen Sie die folgenden Elemente und Werkstoffe in die Dichtebereiche ein: Al, Fe, Cu, Zn, Pb, Mg, Ti, Holz, Kunststoffe.

Dichte ρ in kg/dm^3	< 1,7	1,7…5	5…10	> 10
-				

c) Begründen Sie die Einordnung der Kunststoffe.

3 Die folgenden Fragen sollen jeweils mit Hinweisen auf die Strukturunterschiede Metall-Kunststoff beantwortet werden.

a) Warum sind Kunststoffe im Allgemeinen chemisch beständig?

b) Welche elektrische Leitfähigkeit haben Kunststoffe?

c) Sind Kunststoffe entflammbar und brennbar?

d) Vergleichen Sie die Biegesteifigkeit (*E*-Modul) von Metall und Kunststoff.

4 Die Moleküle von chemischen Verbindungen (z. B. Methan CH_4) haben gleiche Zusammensetzung und konstante Größe. Wie steht es damit bei den Kunststoffen?

5 Das Verhalten der C-Atome bei der Bindung mit H-Atomen in den Kohlenwasserstoffen ist Grundlage der Kunststoffchemie. Welche zwei besonderen Eigenschaften der C-Atome sind dies?

© Springer Fachmedien Wiesbaden 2016
W. Weißbach und M. Dahms, *Aufgabensammlung Werkstoffkunde*,
DOI 10.1007/978-3-658-14474-6_9

6 a) Kunststoffe werden nach ihrer Entstehungsreaktion in drei große Gruppen eingeteilt. Nennen Sie Namen der Reaktion und je ein Polymer mit Namen und Kurzzeichen nach DIN 7728.

   b) Nach allen drei Reaktionen können jeweils zwei Arten von räumlich unterschiedlich gebauten Makromolekülen entstehen, die dem Polymer gegensätzliche mechanisch-technologische Eigenschaften geben. Vervollständigen Sie die Aufstellung.

	Molekülstruktur	Kunststofftyp	Mechanisch-technolog. Eigensch.
1			
2			

7 Beantworten Sie folgende Fragen zur Polykondensation:

   a) Worauf bezieht sich der Ausdruck Kondensation?

   b) Wie erfolgt die Bildung der Makromoleküle aus den Monomeren am Beispiel des Polyformaldehyds PF (mit Formeln)?

   c) Unter welchen Bedingungen entstehen lineare Fadenmoleküle?

   d) Unter welchen Bedingungen entstehen Raumnetzmoleküle?

   e) Geben Sie eine Kurzbeschreibung der Polykondensationsreaktion.

   f) Nennen Sie mindestens drei Kondensationskunststoffe mit Namen, Kurzzeichen und einigen Handelsnamen.

8 Beantworten Sie folgende Fragen zur Polymerisation:

   a) Wie erfolgt die Bildung der Makromoleküle aus den Monomeren am Beispiel des Polyethylen PE?

   b) Was bedeutet *Polymerisationsgrad*?

   c) Welche Gestalt der Makromoleküle wird angestrebt (Begründung)?

   d) Was bedeutet *Copolymerisation*?

   e) Nennen Sie mindestens drei Polymerisationskunststoffe mit Namen, Kurzzeichen und einigen Handelsnamen.

9 Beantworten Sie folgende Fragen zur Polyaddition:

   a) Erläutern Sie die Reaktion durch Eintragen der Valenzstriche zwischen den Atomen der reaktionsfähigen Gruppen (O zwei-, N drei-, C vierbindig).

   b) Welche Voraussetzung müssen die monomeren Stoffe erfüllen, damit (1) Fadenmoleküle, (2) Raumnetzmoleküle entstehen?

   c) Geben Sie eine Kurzbeschreibung der Polyadditionsreaktion.

d) Nennen Sie mindestens zwei Polyadditionskunststoffe mit Namen, Kurzzeichen und einigen Handelsnamen.

10 Welche Auswirkung hat die tetraedrische Anordnung der vier bindenden Orbitale des C-Atoms auf

a) die Gestalt der Kettenmoleküle,

b) das mechanische Verhalten beim Strecken eines Kettenmoleküls?

11 Im Polymer treten zwei verschieden starke Bindungskräfte auf. Nennen Sie diese mit Angabe der Stärke, der Partner, zwischen denen sie wirken, und der evtl. Einflussgrößen.

12 Mit steigender Länge der Molekülketten ändert sich die Zugfestigkeit des Polymers. In welcher Weise geschieht das (Begründung)?

13 a) Ordnen Sie die folgenden Begriffe in einer Tabelle einander zu.

1 Fadenmoleküle	a immer spröde	A Elastomer
2 Fadenmoleküle schwach vernetzt	b gummi-elastisch	B Plastomer
3 Raumnetzmoleküle	c plastisch formbar	C Duromer

b) Worauf beruht die plastische Verformbarkeit der Plastomere bei höheren Temperaturen?

c) Wie wirken sich überhöhte Temperaturen auf alle Makromoleküle aus?

d) Worauf beruht die Unschmelzbarkeit der Duromere?

14 a) Auf welche Weise lassen sich stärkere Sekundärbindungen zwischen den Fadenmolekülen erreichen (Name und zwei Bedingungen)?

b) Welche Molekülform ist zur Kristallisation am besten geeignet? Nennen Sie zwei Beispiele mit Namen und Kurzzeichen.

c) Welche Molekülform ist nicht zur Kristallisation geeignet? Nennen Sie zwei Beispiele mit Namen und Kurzzeichen.

d) Welcher Unterschied besteht in der Kristallisation zwischen Metall und Kunststoff?

e) Welche Auswirkungen hat eine zunehmende Kristallisation des Polymers auf seine mechanischen und technologischen Eigenschaften?

f) Auf welche Weise können auch *amorphe* Polymere erhöhte Zugfestigkeiten erhalten, bei welchen Produkten wird dies angewandt?

15 Zu den nachstehend genannten Wirkungen sollen jeweils ein Zusatzstoff und die beabsichtigte Verhaltens- oder Eigenschaftsänderung genannt werden:

a) chemische,

b) verarbeitungsfördernde,

c) treibende,

d) streckende,

e) verstärkende Wirkung.

9.2 Eigenschaften

1 Vergleichen Sie Metalle und Kunststoffe hinsichtlich
   a) maximaler Einsatztemperatur
   b) Wärmeleitfähigkeit
   c) Wärmeausdehnungskoeffizient
   d) Elastizitätsmodul
2 Wie unterscheidet sich das Verformungsverhalten der Kunststoffe von dem der Metalle?
3 Wie muss bei Metallen und Kunststoffen Umgebungsfeuchtigkeit berücksichtigt werden?
4 Welche Bedeutung hat die Glastemperatur eines Kunststoffes?
5 Welche Bedeutung hat die Wärmeformbeständigkeit eines Kunststoffes?
6 Welche Bedeutung hat die Dauergebrauchstemperatur eines Kunststoffes?
7 Wie unterscheiden sich Kunststoffschmelzen bei der Verarbeitung grundsätzlich von Metallschmelzen?
8 Nach welcher Regel kann man den E-Modul von faserverstärkten Kunststoffen in Faserrichtung abschätzen?

9.3 Gebräuchliche Kunststoffe

9.3.1 Wichtige Thermoplaste

1 a) Welche drei Bereiche gibt es für die mechanischen Eigenschaften eines teilkristallinen Plastomers?
   b) Wie ändert sich die Steifigkeit in den drei Bereichen?
   c) In jedem der drei Bereiche zeigt das Polymer äußerlich ein bestimmtes mechanisches Verhalten, das auf ein Verhalten der Kettenmoleküle zurückzuführen ist. Geben Sie das Verhalten für die drei Bereiche an.

Bereich	Mechanischer Zustand	Innerer Zustand
I		
II		
III		

   d) In welchem Bereich (Bild) wird ein Plastomer (1) verarbeitet, (2) als Bauteil eingesetzt?
2 Im Kurzzeitversuch zeigen Plastomere die drei skizzierten typischen Kennlinien.
   a) Geben Sie zu jedem Typ von Kennlinie das mechanische Verhalten und je ein Plastomer mit Namen und Kurzzeichen als Beispiel.

b) Welchen Typ von Kennlinie haben Plastomere, die für Maschinenteile wie z. B. Zahnräder, isolierende Schrauben, Kupplungsteile, Bohrmaschinengehäuse u. a. verwendet werden?

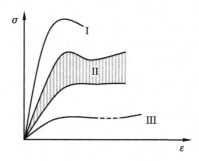

3   Die skizzierte Kennlinie ist im Kurzzeitversuch ermittelt (etwa 5 min).
Wie würde die Kurve aussehen, wenn die Belastung langsamer aufgebracht und der Bruch erst nach Stunden erfolgen würde?

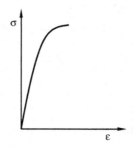

4   a) Welche Erscheinung tritt bei langzeitiger Belastung von Plastomeren auch bei Raumtemperatur auf, mit welchen Versuchen wird das Verhalten getestet?
b) Was bedeutet Kriechmodul?
5   a) Nennen Sie Anwendungsfälle, bei dem der niedrige E-Modul der Plastomere ausgenutzt wird.
b) Wenn ein Konstruktionsteil statt aus Metall in Kunststoff gefertigt wird, macht sich der niedrige E-Modul durch eine geringe Steifigkeit des Bauteils bemerkbar. Welche vier Möglichkeiten gibt es, um die Steifigkeit zu verbessern?
6   Welche Auswirkung haben Glasfaserverstärkungen auf:
a) mechanische,
b) thermische Eigenschaften,
c) Verarbeitungseigenschaften?
7   Plastomere werden überwiegend nach zwei Verfahren zu Formteilen und Halbzeugen verarbeitet. Nennen Sie Verfahren und Formteile als Beispiele.
8   Der Austausch von Metall durch Kunststoffe als Werkstoff von Bauteilen wird durch einige Eigenschaften erschwert, in denen die Kunststoffe den Metallen unterlegen sind.

a) Um welche Eigenschaften handelt es sich?

b) Welche Veränderung der Makromoleküle erhöht die thermischen Eigenschaften (Begründung), was ergibt sich daraus für die Verarbeitung?

9   Was sind LC-Polymere, welches Verhalten zeigen sie bei der Formgebung und welche besonderen Eigenschaften haben sie?

10 Diskutieren Sie die Recycling-Möglichkeiten von Plastomeren.

11 Welche wesentlichen Varianten des Polyethylens gibt es, und wie unterscheiden Sie sich Eigenschaften und Anwendungsbereiche?

12 Nennen Sie Kurzzeichen und ein Anwendungsbespiel für Polypropylen.

13 a) Was bedeutet die Abkürzung PVC?

b) Nennen Sie eine wesentliche Eigenschaft von PVC.

c) Bei welchen Anwendungen wird diese Eigenschaft ausgenutzt?

14 Nennen Sie die technische und die umgangssprachliche Bezeichnung für aufgeschäumtes Polystyrol.

15 Was ist der besondere Vorzug von ABS?

16 Was ist bei der Anwendung von PA zu beachten?

17 Was ist ein besonderer Vorteil von POM?

18 Welche Eigenschaft des PET ist für die Verwendung als Getränkeflasche besonders wichtig?

19 Wie kann man im täglichen Leben die hohe Zähigkeit des Polycarbonats kennenlernen?

9.3.2 Duromere und Elastomere

1   a) Woraus bestehen Formmassen (allgemein)?

b) Nennen Sie mindestens drei Harztypen, die als Grundlage für Formmassen eingesetzt werden.

c) Welche Zusätze werden in den Formmassen verwendet, wenn:

(1) besondere elektrische Isolierung,

(2) erhöhte Temperaturbeständigkeit,

(3) hohe Zähigkeit,

(4) niedriger Preis

verlangt werden?

2   a) Geben Sie die Hauptarbeitsgänge für die Herstellung von Formteilen aus Formmassen z. B. PF mit den Hauptdaten (Mittelwerte) an.

b) Welche drei Arten von Schichtpressstoffen gibt es?

c) Welches Duromer wird für Dekorationszwecke im Innenausbau und für Möbel verwendet? Nennen Sie die geforderten Eigenschaften und das Duromer mit Kurzzeichen und evtl. Handelsnamen.

3   a) Welche besonderen Vorteile haben Polyesterharze gegenüber den Phenol- und Harnstoffharzen?

b) Welche Auswirkung haben die unter a) angeführten Vorteile auf die Gestalt der herstellbaren Formteile?

4 a) Welcher verstärkende Zusatzstoff wird für UP und EP am meisten verwendet? Geben Sie die drei Formen und deren Auswirkung auf die Festigkeitseigenschaften an.

b) Welcher wesentliche Eigenschaftsunterschied besteht zwischen UP und EP mit Glasfaserverstärkung?

5 Was ist bei der Verwendung von Duromeren auf Phenolharzbasis zu beachten?

6 Diskutieren Sie die Recycling-Möglichkeiten von Duromeren.

9.3.3 Elastomere

1 Wie sind Elastomere grundsätzlich aufgebaut?

2 Wieso sind Elastomere so stark elastisch verformbar?

3 a) Nennen Sie ein natürliches Elastomer.

b) Wie wird hier die weitmaschige Vernetzung erreicht?

4 Nennen Sie technische Anwendungen von Elastomeren.

5 Diskutieren Sie die Recycling-Möglichkeiten von Elastomeren.

9.3.4 Thermoplastische Elastomere (TPE)

1 Welche Besonderheit haben thermoplastische Elastomere?

2 Welche Vorteile hat die Verarbeitung von TPE?

10 Verbundstrukturen und Verbundwerkstoffe

1 Wie wird der Begriff *Verbundwerkstoffe* definiert? Geben Sie zwei grundsätzliche Möglichkeiten des Verbundes mit Beispielen an.

2 Nach welcher Regel werden Verbundwerkstoffe i. Allg. bezeichnet?

3 Ordnen Sie die Begriffe (**Namen** mit Zahlen, **Matrix**beispiele mit Buchstaben) in die unten stehenden Felder ein.

Name: 1) Durchdringungs-, 2) Schicht-, 3) Faser-, 4) Teilchenverbundwerkstoff

Matrix: a) Autoreifen, b) glaskugelverstärktes Polyethylen, c) selbstschmierende Sinterlager, d) Stromabnehmerbürsten (Graphit/Bronze), e) Sinterhartmetall, f) hochbelastbare Wolfram-Silberkontakte, g) offenporiger Polymerschaumstoff, h) Hartgewebe, Hartpapier und Kunstharzpressholz, i) Stahlbeton, k) metalldrahtverstärkte, feuerfeste Ofenbaustoffe (Thermohäcksel), l) schall- und wärmedämmende Blechverbunde, m) Si-infiltriertes SiC, n) SiC-Schleifscheiben, o) Keramik mit aufgedruckten Leiterbahnen

Struktur				
Name				

© Springer Fachmedien Wiesbaden 2016
W. Weißbach und M. Dahms, *Aufgabensammlung Werkstoffkunde*,
DOI 10.1007/978-3-658-14474-6_10

4   Welche Probleme bestehen bei den Verbundwerkstoffen allgemein?

5   Welche Verbundstruktur wird zur Erhöhung der Festigkeit und Steifigkeit verwendet (Begründung)?

6   Zu welcher Gruppe Verbundwerkstoffe gehören die dispersionsgehärteten Legierungen. Auf welche Weise wird die Festigkeit gesteigert?

7   Nennen Sie drei Möglichkeiten, Fasern in eine Metallmatrix einzubetten.

8   Welche Metalle werden als Matrix für Verbundwerkstoffe verwendet, welche Eigenschaften sollen damit verbessert werden?

9   a) Welche Eigenschaften werden bei GfK und CfK kombiniert?

    b) Wie unterscheiden sich GfK und CfK in ihren Eigenschaften?

11 Werkstoffe besonderer Herstellung oder Eigenschaften

11.1 Pulvermetallurgie, Sintermetalle

1 Zu welchem Bereich der Fertigungsverfahren gehört die Pulvermetallurgie? Welche Verfahren gehören noch dazu?

2 Nennen Sie die Hauptarbeitsgänge des pulvermetallurgischen Fertigungsverfahrens, wenn mit Metallpulver gearbeitet wird (Aufzählung).

3 a) Die angewandten Pressdrücke betragen 4...6 kbar. Welche Kraft wäre erforderlich, um ein Teil mit einer Pressfläche von 4 cm^2 bei 6 kbar zu pressen?

   b) Welche Einflussgrößen wirken auf die erreichbare Pressdichte ein (Aufzählung)?

   c) Worauf ist die Festigkeit des Presslings zurückzuführen?

   d) Wodurch wird die Größe von Pressteilen nach oben begrenzt?

4 a) Was verstehen Sie unter Sintern?

   b) Welche beiden metallphysikalischen Vorgänge laufen beim Sintern ab?

   c) Welche Temperaturen werden für Fe-Werkstoffe angewandt?

   d) Wird der Werkstoff beim Sintern geschmolzen?

   e) Welchen Einfluss hat der Sintervorgang auf Dichte und Maße des Presslings?

5 Welcher Arbeitsgang schließt sich in den meisten Fällen an das Sintern an (Begründung)?

6 Erläutern Sie den Begriff *Flüssigphasensintern*.

7 Sinterwerkstoffe lassen sich in zwei Gruppen einteilen.

   a) Die erste Gruppe umfasst solche Werkstoffe, die aus schmelzmetallurgischen Gründen überhaupt nicht oder mit ungünstigen Eigenschaften hergestellt werden können. Nennen Sie die drei Unterteilungen, ihre metallurgische Besonderheit und Beispiele.

© Springer Fachmedien Wiesbaden 2016
W. Weißbach und M. Dahms, *Aufgabensammlung Werkstoffkunde*,
DOI 10.1007/978-3-658-14474-6_11

b) Die zweite Gruppe umfasst Pulvermischungen für Formteile. Nennen Sie die drei Typen.

c) Welcher Zusammenhang besteht bei Sinterteilen zwischen Zugfestigkeit, Bruchdehnung und Sinterdichte?

d) Nach welchem Gesichtspunkt erfolgt eine Normung der Sinterwerkstoffe in Klassen?

8 Erläutern Sie den Begriff *Sprühkompaktieren* im Gegensatz zur klassischen Pulvermetallurgie.

9 Warum werden manche Bauteile pulvermetallurgisch hergestellt?

10 Warum wird manchmal ein metallischer Werkstoff pulvermetallurgisch hergestellt, auch wenn er grundsätzlich schmelzmetallurgisch herstellbar ist?

11 Erläutern Sie den Begriff *Heißisostatisches Pressen*.

11.2 Schichtwerkstoffe und Schichtherstellung

1 Nach welchen Kriterien erfolgt die Einteilung der Beschichtungsverfahren? Nennen Sie zu jeder Gruppe ein Verfahrensbeispiel.

2 Bei allen Verfahren entstehen Wechselwirkungen zwischen Grund- und Schichtwerkstoff sowie Einflüsse durch die Arbeitstemperatur auf den Grundwerkstoff. Was kann geschehen:

a) bei höheren Temperaturen,

b) bei flüssigem Schichtwerkstoff?

3 Welche Bauteile und Schichtwerkstoffe werden überwiegend beim Schmelztauchen verarbeitet?

4 Welche Verfahrensgruppe lässt die breiteste Auswahl von Schichtwerkstoffen zu (Metalle von hoch- bis niedrigschmelzend, Nichtmetalle, Kunststoffe)?

5 Welche Verfahren lassen dickere Schichten (einige mm) zu?

6 Thermisches Spritzen:

a) Welche Wärmequellen (= Benennung) werden beim thermischen Spritzen eingesetzt?

b) Welche Verfahrensbedingungen haben starken Einfluss auf die Haftung der Schicht auf dem Basiswerkstoff?

c) Was kennzeichnet das Gefüge einer thermisch gespritzten Schicht?

7 Nennen Sie zwei wesentliche Unterschiede zwischen PVD- und CVD-Verfahren.

8 Welche Stoffe werden überwiegend zur Standzeiterhöhung von Werkzeugen mit CVD- und PVD-Verfahren abgeschieden, welche Schichtdicken sind üblich?

11.3 Lager- und Gleitwerkstoffe

1 Nennen Sie wichtige Anforderungen an Lagerwerkstoffe.
2 Welche Lagerwerkstoffe haben eine relativ hohe Wärmeleitfähigkeit?
3 Wie wird Verschleißbeständigkeit in Lagerwerkstoffen erreicht?
4 Warum wird in der Praxis gern Rotguss anstelle von SnPb-Bronze als Lagerwerkstoff eingesetzt?
5 Warum werden Sintermetalle gern als Lagerwerkstoff eingesetzt?
6 Nennen Sie ein Polymer mit besonders niedriger Reibzahl.

12 Korrosionsbeanspruchung und Korrosionsschutz

1 Beschreiben Sie die Korrosionsbeanspruchung mit Begriffen der Norm DIN EN ISO 8044.

2 Die Reaktion eines metallischen Werkstoffes kann auf drei verschiedene Arten erfolgen. Nennen Sie diese mit je einem Beispiel.

3 Die Korrosionserscheinung am Bauteil beeinträchtigt seine Funktion. Welche Möglichkeiten gibt es?

4 Nennen Sie eine elektrochemische Reaktion eines Werkstoffes mit seiner Umgebung, die nicht als Korrosion bezeichnet wird.

5 Welcher Unterschied besteht zwischen der chemischen und der elektrochemischen Reaktion?

6 Aus welchen Teilen besteht ein galvanisches Element?

7 Auf welche Weise können Sie theoretisch feststellen, welches von zwei Metallen das unedlere ist?

8 Welcher wesentliche Unterschied besteht zwischen den galvanischen Elementen der Elektrotechnik (Taschenlampenbatterie) und den Korrosionselementen?

9 In den folgenden Fällen tritt bei Zutritt eines Elektrolyten Korrosion auf. Nennen Sie die Art der entstehenden Korrosionselemente (drei Möglichkeiten) und geben Sie an, welche Teile anodisch abgetragen werden:
   a) Stahlschraube in Kupferguss,
   b) punktgeschweißte Stahlbleche,
   c) partiell kaltverformtes Metall,
   d) Stahlpfosten eines Bootssteges im Wasser,
   e) Stahlblech mit stellenweise poröser Oxidschicht.

10 Welche der beiden Korrosionsgrößen gelten für den gleichmäßigen Flächenabtrag?

11 Nach der geometrischen Form des Materialabtrags werden vier Korrosionserscheinungen unterschieden, wie heißen sie?

12 Wie verläuft die Spaltkorrosion? Nennen Sie ein Beispiel.

© Springer Fachmedien Wiesbaden 2016
W. Weißbach und M. Dahms, *Aufgabensammlung Werkstoffkunde*,
DOI 10.1007/978-3-658-14474-6_12

13   Wodurch kann Bimetall-(Kontakt-)Korrosion auftreten? Nennen Sie ein Beispiel.

14   Wie ist Rost aufgebaut?

15   Welche Bedeutung haben Deckschichten?

16   Nennen Sie zwei Möglichkeiten, die bei der Überlagerung von Festigkeits- und Korrosionsbeanspruchung ohne Korrosionserscheinungen zum Bruch führen können.

17   In welchen Legierungssystemen kann grundsätzlich Lochfraßkorrosion auftreten?

18   Korrosionsschutz ist das Verhindern von Funktionsstörungen. Vorbeugend kann bei Konstruktion und Montage das Entstehen von Korrosionselementen vermieden werden. Geben Sie je ein Beispiel, wodurch konstruktiv oder fertigungstechnisch

     a) Belüftungselemente

     b) Bimetall-(Kontakt-)Elemente vermieden werden.

19   Was kann werkstoffseitig zum Korrosionsschutz getan werden?

20   Was bedeutet kathodischer Korrosionsschutz?

21   Die vielen Schutzschichten, die zur Verfügung stehen, werden nach der Stoffart oder Art ihres Aufbringens in Gruppen eingeteilt. Nennen Sie weitere fünf Schichtarten mit je einem Beispiel.

Schichtart	Beispiel
Fett-, Öl- oder Wachsschichten	

22   Beurteilen Sie das Verhalten der beiden Schichtverbundwerkstoffe anhand der Spannungsreihe der Metalle (Ankreuzen).

Metall	Anode	Kathode	Abtragung bei
Zn			
Fe			
Sn			
Fe			

Wassertropfen
Zn-Schicht
Fe-Blech
Sn-Schicht

23   Was ist die Ursache für Spaltkorrosion in rost- und säurebeständigen Stählen?

24   a) Was versteht man unter *interkristalliner Korrosion*?

     b) In welchen CrNi-Stählen kann sie auftreten?

     c) Wie wird sie hervorgerufen?

25   Woher rührt die Forderung, dass korrosionsbeanspruchte Bauteile immer besonders sauber gehalten werden sollen?

13 Überlegungen zur Werkstoffauswahl

1 Die folgenden Werkstoffe seien gegeben:
S355J2,
42CrMo4,
GJS-600-3,
HS6-5-2,
PS,
TiAl6V4,
G-AlSi12,
X5CrNi18-10.
Ordnen Sie (in Tabellenform) die acht Werkstoffe den folgenden acht Verwendungen
zu und begründen Sie Ihre Zuordnung:
Kolben für Dieselmotor,
Portalkran,
Flugzeugflügel,
Gewindebohrer,
Getriebedeckel in einem Auto,
Joghurtbecher,
Spülbecken,
Maschinenschraube.

2 Was sind die Grundanforderungen an den Werkstoff für einen Verkaufsbehälter von
0,5 l eines kohlensäurehaltigen Getränkes? Nennen und diskutieren Sie vier mögliche
Werkstoffe.

3 Was unterscheidet die Anforderungen an einen Werkstoff für Transportbehälter von
50 l eines kohlensäurehaltigen Getränkes von denen an einen Verkaufsbehälter von
0,5 l des gleichen Getränkes? Was für Konsequenzen hat das für die Werkstoffwahl?

4 Welche Werkstoffe kann man für einen Fahrradrahmen verwenden und welche nicht?
Begründen Sie Ihre Auswahl.

© Springer Fachmedien Wiesbaden 2016
W. Weißbach und M. Dahms, *Aufgabensammlung Werkstoffkunde*,
DOI 10.1007/978-3-658-14474-6_13

5 a) Was ist die Hauptanforderung an den Werkstoff für einen Fräser zur Metallbearbeitung?

   b) Durch welche Werkstoffgruppen wird diese Anforderung erfüllt?

6 a) Was sind die Hauptanforderungen an den Werkstoff für eine Maschinenschraube?

   b) Woraus werden also Maschinenschrauben normalerweise hergestellt?

   c) Was könnte man noch als Schraubenwerkstoff nehmen? Was ist der entscheidende Nachteil dieser Werkstoffgruppe?

7 a) Was sind die Hauptanforderungen an die Werkstoffe für Flügel für Windkraftanlagen?

   b) Woraus werden also Flügel für Windkraftanlagen normalerweise hergestellt?

   c) Für eine preisgünstige Klein-Windkraftanlage in Massenproduktion sind Werkstoffalternativen gefragt.

8 a) Welche Gründe führen zu dem Ansatz, Aluminium statt Stahl als Werkstoff für Pkw-Karosserien zu verwenden?

   b) Welche Nachteile hat Aluminium als Karosseriewerkstoff im Vergleich zu Stahl?

   c) Welche Werkstoffe kann man noch als Karosseriewerkstoffe in Betracht ziehen? Nennen Sie Vor- und Nachteile dieser Werkstoffe gegenüber Aluminium.

14 Werkstoffprüfung

14.1 Aufgaben, Abgrenzung

1 Die Werkstoffprüfung lässt sich je nach ihrem Untersuchungsziel in Gruppen einteilen. Nennen Sie die Gruppen mit je einem Beispiel.
2 Es gibt zerstörende und zerstörungsfreie Prüfverfahren. Nennen Sie die jeweiligen Anwendungsbereiche.

14.2 Prüfung von Werkstoffkennwerten

1 Welcher wichtige Gesichtspunkt ist bei der Entnahme und Herstellung einer Probe zu beachten?
2 Was sind die kennzeichnenden Merkmale von
  a) statischen,
  b) dynamischen Prüfverfahren?
3 Nennen Sie je ein Beispiel für ein
  a) statisches,
  b) dynamisches Prüfverfahren.

14.3 Mechanische Eigenschaften bei statischer Belastung

1 Welche Werkstoffkennwerte werden durch den Zugversuch ermittelt bzw. nachgeprüft (Name, Formelzeichen)?
2 Was verstehen Sie unter einem Proportionalstab?
3 a) Welche beiden physikalischen Größen sind im Maschinendiagramm verknüpft?
  b) Auf welche Weise wird aus dem probenabhängigen Maschinendiagramm das probenunabhängige, den *Werkstoff kennzeichnende* Diagramm und wie heißt es?

© Springer Fachmedien Wiesbaden 2016
W. Weißbach und M. Dahms, *Aufgabensammlung Werkstoffkunde*,
DOI 10.1007/978-3-658-14474-6_14

4   a) Skizzieren Sie die Spannungs-Dehnungskurve eines Baustahls (z. B. S 235)
     b) Welche Werkstoffkennwerte lassen sich direkt dem Diagramm entnehmen (Kurz-
         zeichen ins Diagramm eintragen, Erklärung des Kurzzeichens als Tabelle)?
     c) Welcher Kennwert des Zugversuchs lässt sich nicht aus dem Diagramm ablesen?
     d) Wozu braucht man die Kennwerte des Zugversuches in der Praxis?

5   Für welche Art von Werkstoffen muss die 0,2 %-Dehngrenze ermittelt werden, wel-
     che Bedeutung hat sie?

6   Bei einem Zugversuch mit einem Proportionalstab von 8 mm Durchmesser werden
     gemessen
     • Länge nach dem Bruch 48 mm,
     • kleinster Querschnitt nach dem Bruch 35 mm^2,
     • Kraft an der Streckgrenze 22 kN,
     • größte Kraft 30 kN.
     a) Wie groß sind Zugfestigkeit, Streckgrenze, Bruchdehnung und Brucheinschnü-
         rung?
     b) Um welchen Stahl könnte es sich handeln?

7   Ein vergüteter Stahl mit einer 0,2-Dehngrenze von 1000 N/mm^2 soll nachgeprüft
     werden. Es steht als Zugprobe ein Proportionalstab von 6 mm Durchmesser zur Ver-
     fügung.
     a) Welche Kraft muss mit der Prüfmaschine zur Erreichung der Dehngrenze aufge-
         bracht werden?
     b) Welche bleibende Längenänderung muss sich ergeben?

8   Skizzieren Sie schematisch in jeweils ein Achsenkreuz die σ-ε-Diagramme von:
     a) einer Al-Legierung und einem Baustahl unter der Annahme, dass sie gleiche Zug-
         festigkeiten und Bruchdehnung besitzen (beachten Sie die unterschiedlichen E-
         Moduln),
     b) ein weiches Metall mit hoher plastischer Verformbarkeit (z. B. Cu) und ein hartes
         Metall mit sprödem Verhalten (z. B. GJL).

9   Ordnen Sie den drei σ, ε-Diagrammen die Gefügezustände gehärtet, vergütet und
     normalisiert zu, und geben Sie eine kurze Begründung.

Kurve	Zustand
1	
2	
3	

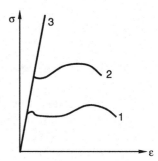

10   Warum steigt im Zugversuch die Spannung nach Überschreiten von $R_{p0.2}$ weiter an?

11   Zur Bestimmung des E-Moduls an einem Proportionalstab mit 10 mm Durchmesser wird im Maschinendiagramm bei einer Kraft von 15 kN die Verlängerung 45 µm und bei 2 kN die Verlängerung 6 µm gemessen.
     a) Wie groß ist der E-Modul des Werkstoffs?
     b) Um welche Werkstoffe könnte es sich bei der Zugprobe handeln?
     c) Wie groß wären die gemessenen Verlängerungen bei Aluminium bei den gleichen Kräften?
     d) Könnte eine Aluminiumprobe die Kraft von 15 kN überhaupt aufnehmen?

12   Was für eine Probenform wird üblicherweise für Kunststoffe eingesetzt?

13   Welche Kennwerte werden bei Kunststoffen zur Dimensionierung eingesetzt?

14   Wie wird die Wärmeformbeständigkeit eines Kunststoffes bestimmt?

14.4 Dynamische Belastung

1   Es gibt zwei grundsätzliche Bruchvorgänge: a) Trennbruch, b) Verformungsbruch. Welche der beiden Brucharten wird für mechanisch hochbeanspruchte Werkstoffe vorgezogen (Begründung)?

2   Gibt es Fälle, wo der Trennbruch gewünscht wird (Begründung)?

3   Welche Auswirkungen haben die vorgegebenen Bedingungen a...f auf das Bruchverhalten einer Probe? Geben Sie bei Neigung zum Trennungsbruch ein T, zum Verformungsbruch ein V an:
     a) Gefüge feinkörnig,
     b) Gefüge grobkörnig,
     c) Gefüge heterogen mit spröder Phase,
     d) steigende Verformungsgeschwindigkeit,
     e) fallende Temperatur bei Stahl,
     f) steigende Schärfe von Kerben, Absätzen.

4   a) Mit welcher physikalischen Größe wird Zähigkeit in Verbindung gebracht?
     b) Was verstehen Sie unter der Eigenschaft *zäh*?

5   Welche drei Einflussgrößen wirken sich auf das Bruchverhalten und damit auf die Zähigkeit aus (Aufzählung mit Beispielen nach fallender Zähigkeit geordnet)?

6   Nennen Sie je ein Konstruktionsteil, in dem
     a) einachsiger,
     b) zweiachsiger,
     c) dreiachsiger Spannungszustand auftritt.

7   Ein unlegierter Stahl kann beim Vergleich von Zugversuch und Kerbschlagbiegeversuch ein unterschiedliches Bruchverhalten zeigen. Geben Sie dafür eine Begründung, und nennen Sie die Auswirkungen auf die jeweils ermittelten Werkstoffkennwerte.

8   a) Welche Auswirkung hat die schlagartige Belastung auf den Bruchvorgang beim Kerbschlagbiegeversuch?

b) Welche zwei Auswirkungen hat die Kerbe in der Probe auf den Bruchvorgang beim Kerbschlagbiegeversuch?

9   Wie wird beim Kerbschlagbiegeversuch die Schlagarbeit gemessen?

10 a) Beschreiben Sie den Verlauf der Linien im Kerbschlagarbeit(-zähigkeit)-Temperatur-Diagramm für (1) kubisch-flächenzentrierte, (2) kubisch-raumzentrierte Metalle.

    b) Wie wird die Lage des Steilabfalls gekennzeichnet?

    c) Ist die Lage des Steilabfalls für einen bestimmten Stahl eine konstante Größe oder gibt es Einflussgrößen, die sie verschieben können?

    d) Ordnen Sie die Begriffe einander zu:

1 Mischbruch	a Tieflage
2 Verformungsbruch	b Steilabfall
3 Trennungsbruch	c Hochlage

11 Worin liegt der Unterschied bei den unlegierten Baustählen DIN EN 10 025 der verschiedenen Güteklassen z. B. S275JR und S275J2G3, die keine Unterschiede in den Kenngrößen des Zugversuches zeigen?

12 Geben Sie an, wodurch der Stahl C45 einen Höchstwert an Zähigkeit erhalten kann.

13 Die Zähigkeit kann auch am Aussehen der Bruchfläche beurteilt werden. Welche Art von Bruch liegt vor bei:

    a) ebener Bruchfläche mit glatten Rändern,

    b) zerklüfteter Bruchfläche mit gestauchten Rändern?

14 a) Zeichnen Sie schematisch ein Kerbschlagarbeit-Temperatur-Diagramm für einen unlegierten Baustahl (mit Beschriftung).

    b) Erklären Sie die Begriffe aus der Zeichnung.

    c) Warum ist dieses Diagramm in der Praxis so wichtig?

14.5 Zyklische Belastung

1   a) Was verstehen Sie unter Dauerfestigkeit?

    b) In welchem Versuch wird sie ermittelt?

2   Nennen Sie Einflussfaktoren, welche die Dauerfestigkeit erhöhen bzw. senken.

3   Wie wird das Dauerschwingverhalten von Werkstoffen dargestellt?

14.6 Messung der Härte

1   a) Wie wird die Härte metallischer Werkstoffe definiert?

    b) Nennen Sie zwei wichtige Gründe für die häufige Anwendung der Härteprüfungen bei der Fertigung von Werkstücken.

c) Bei den drei wichtigen Härteprüfverfahren wird ein *Eindruck* in der Randschicht erzeugt und *vermessen*. Welche Forderung ergibt sich daraus für die Beschaffenheit der Oberfläche?

2 Beschreiben Sie Eindringkörper und Messwert und machen Sie qualitative Angaben über Prüfkräfte und Ermittlung der Härtewerte für:

a) Brinell-,

b) Vickers-,

c) Rockwellverfahren.

3 Lesen Sie für die Härteprüfung nach Brinell mit Hilfe der Tabellen 14.15 und 14.16 (Lehrbuch) Belastungsgrad C, Kugeldurchmesser D und Prüfkraft F ab für:

a) Lagermetall, 3 mm dick, Härte etwa 20 HBW,

b) AlMgMn-Blech, 1,5 mm dick, Härte etwa 70 HBW,

c) Zinkdruckguss GD-ZnAl4, 1,5 mm dick, Härte etwa 90 HBW.

d) Nach welchem Gesichtspunkt wird der Kugeldurchmesser festgelegt?

4 Eine Brinell-Härtemessung bei Stahl ergibt mit $D = 5$ mm einen Eindruckdurchmesser $d = 1,8$ mm. Bestimmen Sie Prüfkraft und Härtewert (Kurzangabe nach Norm).

5 a) Für welchen Bereich der Härtemessung (Werkstoff, Abmessung) ist das Brinellverfahren nicht geeignet (Begründungen)?

b) Für welche Art von Werkstoffen ist das Brinellverfahren das Einzige, welches reproduzierbare Werte liefert?

c) Welche wichtige Anwendung hat das Brinellverfahren *neben* der Messung der Härte?

6 a) Ein Werkstoff hat eine Härte 850 HV 30. Welche Größe hat der Messwert des Kugeleindrucks?

b) Neben der normalen Vickersprüfung gibt es zwei wichtige Abarten. Geben Sie deren Namen, Kräfte und Anwendungen an.

c) Welche Vorteile besitzt das Vickers-Härteprüfverfahren gegenüber den beiden anderen (Brinell- und Rockwell-Verfahren)?

7 a) Das Rockwell-Verfahren läuft in drei Schritten ab. Beschreiben Sie diese unter Angabe der Kräfte sowie dem Verhalten von Eindringkörper und Messgerät.

b) Für welchen Bereich der Härtemessung (Werkstoff, Abmessung) ist das HRC-Verfahren nicht geeignet (Begründung)?

c) Ein nach dem HRC-Verfahren geprüftes Werkstück zeigt am Messgerät einen Messwert $t_b = 0,09$ mm an. Wie groß ist die Rockwellhärte (Angabe nach Norm)?

d) Welche Vorteile besitzt das Rockwell-Prüfverfahren gegenüber den beiden anderen (Brinell- und Vickers-Verfahren)?

8 Geben Sie für nachstehende Anwendungsfälle das am besten geeignete Härteprüfverfahren an (auswählen aus: HBW, HV, HRC):

a) Zylinderkopf aus GJL-250,

b) Schnittplatte aus gehärtetem Stahl,

c) Zahnrad aus 41Cr4 vergütet,

d) einsatzgehärtete Randschicht 1 mm dick,

e) nitriergehärtete Randschicht 0,1 mm dick,

f) einzelne Gefügebestandteile z. B. harte Tragkristalle eines Lagermetalles,

g) Lagermetalle,

h) Armatur aus CuZn33Pb2-C.

9   Welches Verfahren

a) liefert Härtewerte, die von der Prüfkraft weitgehend unabhängig sind,

b) lässt sich auf Grund des Messgerätes automatisieren,

c) wird zur weitgehend zerstörungsfreien Kontrolle der Zugfestigkeit von unlegierten Stählen eingesetzt?

10 Bei einem Baustahl wird eine Härte von 200 HBW gemessen. Welchen Wert erwarten Sie für die Zugfestigkeit?

11 a) Was wird bei der Härteprüfung nach Shore gemessen?

b) Für welche Werkstoffe wird diese Härteprüfung eingesetzt?

14.7 Thermische Verfahren

1   a) Was bedeutet die Abkürzung TGA?

b) Welche Werkstoffgruppe wird bevorzugt durch TGA untersucht?

c) Welche Vorgänge können durch TGA untersucht werden?

2   a) Welches kalorimetrische Standard-Verfahren wird heutzutage im Werkstofflabor verwendet?

b) Was kann dadurch bestimmt werden?

3   Mit welcher Untersuchungsmethode kann das viskoelastische Verhalten von Kunststoffen untersucht werden?

14.8 Prüfung von Verarbeitungseigenschaften

1   Wozu wird der Biegeversuch durchgeführt?

2   Was wird mit dem Tiefungsversuch nach Erichsen bezweckt?

3   a) Welche Größen werden mit dem Stirnabschreckversuch nach Jominy bestimmt?

b) Bei welchen Stahlgruppen ist der Versuch besonders bedeutsam?

14.9 Untersuchung des Gefüges

1   Aus welchen drei Schritten besteht die metallographische Präparation?

2   Was wird in der Werkstoffkunde außer metallographischen Schliffen noch häufig mit dem Lichtmikroskop untersucht?

3   Welche Gefügedetails kann man im Lichtmikroskop sehen?

4 Was ist der wesentliche Unterschied zwischen Proben für das Rasterelektronenmikroskop und solchen für das Transmissionselektronenmikroskop?

5 Warum werden trotz des hohen Präparationsaufwandes manchmal TEM-Untersuchungen durchgeführt?

14.10 Zerstörungsfreie Werkstoffprüfung und Qualitätskontrolle

1 a) Nennen Sie vier Verfahren der zerstörungsfreien Werkstoffprüfung.
   b) Wie beurteilen Sie die Aussagefähigkeit dieser Verfahren in Bezug auf voluminöse Innendefekte (z. B. Poren) und Oberflächenrisse?

2 a) Wozu benötigt man den Entwickler beim Farbeindringverfahren?
   b) Gibt es Werkstoffe, bei denen man das Farbeindringverfahren nicht verwenden kann?

3 a) Für welche Werkstoffe können magnetische Prüfverfahren eingesetzt werden?
   b) Was ist bei der Magnetisierung zu beachten?

4 Wie muss ein Stahlrohr magnetisiert werden, welches auf Längsrisse zu prüfen ist?

5 Wofür kann man Wirbelstromverfahren besonders effektiv einsetzen?

6 Wie wird Ultraschall erzeugt?

7 Wie hängt die Fehlererkennbarkeit bei Ultraschall von der Prüffrequenz ab?

8 Wie wird beim Ultraschallverfahren die Tiefenlage eines Fehlers bestimmt?

9 Wie kann man die Tiefenlage von Fehlern bestimmen, ohne die exakte Schallgeschwindigkeit im Werkstoff zu kennen?

10 Mit dem Impuls-Echo-Verfahren soll in einer Schweißnaht mit V-förmiger Nahtvorbereitung ein eventueller Bindefehler gefunden werden. Wie ist zu prüfen?

11 Wie werden a) Röntgen- und b) Gammastrahlung erzeugt?

12 Wie hängt die max. durchstrahlbare Werkstückdicke von der Wellenlänge der Strahlen ab?

13 Wie werden Fehler bei der Durchstrahlungsprüfung dokumentiert?

14 Wie wird die Güte einer Durchstrahlungsaufnahme bewertet?

15 Nennen Sie typische Anwendungen der Durchstrahlungsprüfung.

14.11 Überprüfung der chemischen Zusammensetzung

1 Wann kann eine Probe mittels Funkenspektrometrie analysiert werden?

2 Wann wird eine Probe mittels EDX analysiert?

3 Welche Arten von Proben lassen sich mittels Funkenspektrometrie gar nicht und mittels EDX nur sehr eingeschränkt analysieren (Begründung)?

1 Grundlegende Begriffe und Zusammenhänge

1.1 Gegenstand und Bedeutung der Werkstoffkunde

1 1. Strukturwerkstoffe; geben Form, Festigkeit und Steifigkeit; Stahl für einen Kran.
   2. Funktionswerkstoffe; haben besondere chemisch-physikalische Eigenschaften; Keramik als elektrischer oder thermischer Isolator.

2 Metallische Werkstoffe, Nichtmetallisch-anorganische Werkstoffe, Organische Werkstoffe, Verbundwerkstoffe,
   Stahl, Porzellan, Polyethylen, Glasfaserverstärktes Epoxidharz.

3 Werkstoffeigenschaften verbessern, Werkstoffkennwerte bereitstellen, neue Werkstoffe entwickeln, Fertigungsverfahren optimieren.

1.2 Stellung und Bedeutung der Werkstoffkunde in der Technik

1 Konstruktion, Fertigung, Qualitätsmanagement, Betriebsunterhaltung, Schadensfall, Regeneration, Recycling, Entsorgung.

2 Verschleiß, Korrosion, Überlastung, Ermüdung.

3 Keramische Werkstoffe können nicht geschmiedet werden, sondern werden durch Pressen und Sintern in Form gebracht.

1.3 Entwicklungsrichtungen der Werkstofftechnik

1 a) Schweißnahtvolumen, Energieaufwand und Arbeitszeit werden kleiner, evtl. kann eine Vorwärmung wegfallen.
   b) Leichtere Bauteile lassen sich besser handhaben, bei bewegten Massen Energieeinsparung.

© Springer Fachmedien Wiesbaden 2016
W. Weißbach und M. Dahms, *Aufgabensammlung Werkstoffkunde*,
DOI 10.1007/978-3-658-14474-6_15

2 Durch das Verschweißen von Blech unterschiedlicher Dicke, Güte (Streckgrenze, Bruchdehnung), Walzrichtung und evtl. Beschichtung wird erreicht, dass örtlich nur so viel Werkstoff mit der gerade benötigten Verformbarkeit und Festigkeit vorhanden ist, wie es vom Anforderungsprofil verlangt wird.

3 a) Weniger Material, Teilezahl, Bearbeitung, Transport und Montage, Schrottanfall, Kosten für Werkzeuge und Prüfeinrichtungen.

   b) Überlappnähte fallen weg, dadurch geringere Korrosionsmöglichkeiten, höhere Steifigkeit bei geringerer Masse.

4 a) Leichtbau durch Werkstoffe gleicher Art mit höherer Festigkeit oder durch Verbundwerkstoffe.

   b) Fertigungsabfall senken (Kreislaufschrott).

   c) Verschleiß- und Korrosionsschäden mindern.

   d) Regeneration und Recycling verbessern.

5 a) Wirkungsgraderhöhung, d. h. effektivere Energieausnutzung.

   b) Einsatz von Nickelbasislegierungen (ggf. gerichtet erstarrt oder einkristallin), keramischen Werkstoffen und intermetallischen Phasen in der Energietechnik anstelle von Stahl.

6 Durch mittels C-Faser verstärkte Kunststoffe (CfK).

7 1. Entwicklung immer höherfester Werkstoffe.

   2. Entwicklung von Werkstoffen mit immer niedrigerer Dichte.

8 Verfahren, die sich mit der Erzeugung, Verarbeitung und Anwendungen von Teilchen und Strukturen in der Größe < 100 nm befassen.

9 Lithium, Dichte $0,534 \, \text{g/cm}^3$.

10 Durch Herstellung von Schäumen.

1.4 Wie lassen sich die unterschiedlichen Eigenschaften der Werkstoffe erklären?

1 Phasen bzw. Phasengemische

   a) Eisen (Ferrit) und/oder Perlit (Ferrit + Zementit) und Kohlenstoff (Graphit).

   b) Ferrit und/oder Perlit und Sulfidteilchen.

   c) durchscheinender Kunststoff, ungerichtete Glasfasern.

2 Vergütete Stähle (Karbidteilchen submikroskopisch), ausgehärtete Aluminiumlegierungen (aushärtende intermetallische Phasen submikroskopisch).

3 a) Härte steigt, Sprödigkeit steigt.

   b) Festigkeit steigt, Plastizität in der Form sinkt.

   c) Wärmeleitung steigt.

   d) Dichte und Festigkeit sinken.

   e) Härte steigt, Zähigkeit sinkt.

4 Kristall- bzw. Raumgitter, amorphe bzw. glasartige Struktur.

5 a) Positive Atomrümpfe und freie negative Elektronen mit elektrostatischer Anziehung und Abstoßung.

  b) überwiegend kovalent gebundene Makromoleküle, linear oder verzweigt, durch schwache Nebenvalenzbindungen gebunden (z. B. Dipolkräfte).

  c) Positive Metallionen und negative Sauerstoffionen mit elektrostatischer Anziehung und Abstoßung, mit kovalenten Bindungsanteilen.

6 a) Temperaturerhöhung auf über 911 °C.

  b) Durch Zulegieren bestimmter Metallatome (Ni, Mn) wird das kubisch-flächenzentrierte Kristallgitter bei Raumtemperatur stabil.

  c) Abschreckhärtung, es entsteht ein tetragonal verzerrtes Gitter.

  d) Zulegieren von 6,7 % C. Es entsteht das Karbid Fe_3C.

7 Durch verschiedene Kristallgitter:

Graphit: Molekülgitter	Diamant: Atomgitter
Netzartige Riesenmoleküle aus C-Atomen mit je drei Elektronen in Elektronenpaarbindung (fest) bilden parallele Schichten mit größerem Abstand, die durch das vierte Elektron nur schwach gebunden sind.	Jedes C-Atom ist von vier anderen tetraedrisch umgeben und auf kleinstem Abstand durch Elektronenpaarbindung gebunden. Elektronen sind lokalisiert.
Folge: niedrige Härte, elektrische Leitfähigkeit bei Raumtemperatur	Folge: höchste Härte, elektrischer Isolator

8 Hoher Schmelzpunkt, Nichtleiter, sehr hart, spröde, hoher Elastizitätsmodul.

9 Elektrische Leitfähigkeit, Wärmeleitfähigkeit, plastische Verformbarkeit.

10 Durch die Anzahl der Protonen im Kern (= Ordnungszahl).

1.5 Anforderungen an Werkstoffe

1

Bereich / Bauteil	Korrosiv	Tribologisch	Thermisch
Fahrradspeiche			
Auspuffkrümmer	×		×
Nocken (Nockenwelle)	×	×	(×)
Ventilteller (Motor)		×	×
Fahrdraht (Oberleitung)	×	×	
Bremsbelag	(×)	×	×
Schmiedegesenk		×	×

2 Eigenschaftsprofil ist die Summe aller Eigenschaften, die der Werkstoff im Bauteil besitzt, nachdem er alle Fertigungsgänge durchlaufen hat.

Eigenschaftsgruppe	Beispiele
Chemische	Beständigkeit gegen Wasser, Industrieluft, Lösungsmittel, Salzlösungen, heiße Abgase
Mechanische	Härte, Festigkeit, plastische Verformbarkeit, Steifigkeit, Zähigkeit
Thermische	Schmelztemperatur, Wärmeausdehnung, Wärmeleitung, Änderung mechanischer Eigenschaften in Kälte und Wärme
Technologische	Verhalten beim Gießen, Warm- und Kaltumformen, Zerspanen, Schweißen, Löten

3 Eigenschaftsprofil und Anforderungsprofil müssen in einem ausgewogenen Gleichgewicht zueinander stehen.

4

Proben	Bauteile
Einfache Gestalt	Meist gegliederte Gestalt
Gefüge über Länge, Querschnitt und Oberfläche gleichmäßig	Von Fertigungsverfahren beeinflusste Unterschiede z. B. zwischen Rand und Kern, dicken und dünnen Wänden
Spannungsverlauf einfach	Zusammengesetzte Spannungen und Spannungsspitzen im Grunde von Kerben
Normale klimatische Beanspruchung	Korrosionsangriff durch Gase und Flüssigkeiten

2 Metallische Werkstoffe

2.1 Metallkunde

2.1.1 Vorkommen

1 Festigkeit, Zähigkeit, chemische Beständigkeit, Verarbeitbarkeit, weiterhin Verschleißbeständigkeit und Dauerfestigkeit, Korrosionsbeständigkeit.

2 Vorkommen der Erze, Aufwand bei der Reduktion der Erze, chemische Reaktivität, Verarbeitungstemperaturen, Recyclingmöglichkeiten.

3 Aluminium und Eisen.

2.1.2 Metallbindung

1 Metallatome haben wenige (1 bis 3) Valenzelektronen, die in chemischen Bindungen abgegeben werden können. Nichtmetallatome haben viele (bis zu 8) Elektronen in der äußeren Schale, sie nehmen in chemischen Bindungen mit Metallen Elektronen auf oder gehen Elektronenpaarbindungen ein.

2 Anstreben des Energieminimums durch Bildung einer mit acht Elektronen gesättigten Außenschale (Edelgaskonfiguration).

3 Sie bilden das Elektronengas.

4 Abstoßende Kräfte: positive Atomrümpfe und negative Elektronen stoßen sich jeweils untereinander ab. Anziehende Kräfte: positive Atomrümpfe und negative Elektronen ziehen sich an.

5 Durch die Balance der allseitig in den Raum gehenden gegensätzlichen Kräfte halten die Atomrümpfe gleichmäßige Abstände ein.

6 Je höher die Elektronegativität, desto höher die Anziehungskraft auf das Elektron eines Partners.

7 Nein, hier ist Ionenbindung bevorzugt.

© Springer Fachmedien Wiesbaden 2016
W. Weißbach und M. Dahms, *Aufgabensammlung Werkstoffkunde*,
DOI 10.1007/978-3-658-14474-6_16

93

8   Die Energie, die benötigt wird, zwei gebundene Atome zu trennen.
9   Elastizitätsmodul und Schmelztemperatur sind hoch, dafür ist der Wärmeausdeh-
    nungskoeffizient gering.

2.1.3 Metalleigenschaften

1   Je höher die Schmelztemperatur, desto niedriger der Wärmeausdehnungskoeffizient.
2   Edle Metalle (Au, Ag, Pt) und unedle (Al, Zn, Mg).
3   Leichtmetalle (Mg, Al, Ti) und Schwermetalle (Cu, Pb, Zn).
4   Niedrigschmelzende (Sn, Pb), hochschmelzende (Cu, Fe) und höchstschmelzende (W,
    Mo).
5   Die elektrische Leitfähigkeit sinkt bei Metallen mit steigender Temperatur, weil durch
    die zunehmende Wärmeschwingung der Atomrümpfe die Beweglichkeit der freien
    Elektronen (der Ladungstransport) behindert wird.

2.1.4 Die Kristallstrukturen der Metalle (Idealkristalle)

1   Ein Kristallgitter ist die dreidimensional periodische Anordnung der Atome im
    Raum.
2   Verformbarkeit und Festigkeit.
3   Hexagonal dichteste Packung (hdP), kubisch-flächenzentriertes (kfz), kubisch-raum-
    zentriertes (krz) Kristallgitter.
4   a) Ein Atom ist von sechs anderen in einer Ebene umgeben. Darüber und darunter
       liegen jeweils drei Atome, die mit dem ersten Atom einen Tetraeder bilden.
    b) 12.
    c) 1-3-5-7 usw.
    d)

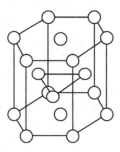

    e) Mg, Zn, Ti bei Raumtemperatur.
5   Koordinationszahl KZ ist die Anzahl der Nachbarn eines Atoms, welche zu ihm einen
    gleichen, kleinsten Abstand haben.

6 Elementarzelle ist eine Darstellung der räumlichen Anordnung der Atome in einem Kristallgitter mit möglichst wenigen Atomen.

7 Abmessungen der Elementarzelle. Beim kubischen System sind eine, beim hexagonalen zwei Gitterkonstanten zur Beschreibung der Elementarzelle erforderlich.

8 a) Bei beiden Kristallgittern liegt die dichteste Kugelpackung vor.

b) Beim kubisch-flächenzentrierten Raumgitter liegen die erste und vierte Schicht übereinander, beim hexagonalen die erste und dritte.

c)

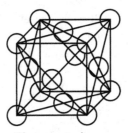

γ-Eisen, Austenit

d) Cu, γ-Fe, Al, Pb, Ni.

9 Volumen der Elementarzelle: a^3; Durchmesser eines Atoms $a/\sqrt{2}$, Volumen eines Atoms $a^3\pi\sqrt{2}/24$, 4 Atome pro Elementarzelle, also Packungsdichte 74 %.

10 a) Beim kubisch-raumzentrierten Kristallgitter liegen die erste, dritte, fünfte usw. Schicht übereinander, eine Kugel liegt in der Mulde, die von vier Kugeln gebildet wird.

b) 8.

c) Das krz-Kristallgitter ist weniger dicht gepackt als das hdP- und kfz-Kristallgitter.

d)

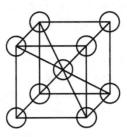

α-Eisen, Ferrit

11 Volumen der Elementarzelle: a^3; Durchmesser eines Atoms $a/\sqrt{3}/2$, Volumen eines Atoms $a^3\pi/3/16$, 2 Atome pro Elementarzelle, also Packungsdichte 68 %.

12 74 % wie das kubisch-flächenzentrierte Kristallgitter, da es ebenfalls dichtest gepackt ist.

13 Amorph, d. h. *ohne Gestalt* oder glasig. Amorphe Metalle entstehen bei extrem schneller Abkühlung aus der Schmelze mit etwa 10^6 K/s oder durch Intensivmahlen von Metallpulvern.

14 Körnige Bruchfläche: Die einzelnen Kristalle brechen mit ebenen Flächen, welche das Licht reflektieren.

15 Eisen (krz bei tiefen Temperaturen, kfz oberhalb 911 °C), Titan (hdP bei tiefen Temperaturen, krz oberhalb 882 °C).

16 Die beiden Atomsorten können Überstrukturen bilden, die auf dem Kristallgitter einer der beteiligten Komponenten aufbauen, z. B. im System Cu-Au. Es ist aber auch möglich, ganz neue Kristallstrukturen mit komplexerem Aufbau zu bilden (intermetallische Phasen), z. B. im System Cu-Zn. In neuerer Zeit werden die Überstrukturphasen auch zu den intermetallischen Phasen gezählt.

17 In reiner Form sind sie hart und spröde.

18 a) $n = 4 \cdot \frac{1\,\text{cm}^3}{a^3} = 6{,}02 \cdot 10^{22}$ (4: Anzahl der Atome pro Elementarzelle).

    b) $1\,\text{mol} = 6{,}02 \cdot 10^{23}$ Teilchen $\Rightarrow V_{\text{mol}}\,(\text{Al}) = 10{,}0\,\text{cm}^3$.

19 $V_{\text{mol}}\,(\text{Fe}) = \frac{M_{\text{Fe}}}{\rho_{\text{Fe}}} = \frac{55{,}845\,\text{g/mol}}{7{,}874\,\text{g/cm}^3} = 7{,}092\,\frac{\text{cm}^3}{\text{mol}}$

$$a_{\text{Fe}} = \sqrt[3]{2 \cdot \frac{V_{\text{mol}}(\text{Fe})}{N_{\text{A}}}} = \sqrt[3]{2 \cdot \frac{7{,}092\,\text{cm}^3/\text{mol}}{6{,}022 \cdot 10^{23}\,1/\text{mol}}} = 0{,}287\,\text{nm}$$

2.1.5 Entstehung des Gefüges

1 Größe, Form und Anordnung der Kristalle mit ihren Korngrenzen sowie Verunreinigungen.

2 Durch das Schliffbild. Schleifen und Polieren einer Probe sowie Anätzen der Oberfläche zur Erzeugung von Kontrasten.

3 Primärgefüge entstehen beim Gießen, Sekundärgefüge durch nachfolgende Warmumformung, Wärmebehandlung und/oder Kaltumformung.

4 a) Abkühlung auf Temperaturen unterhalb des Erstarrungspunktes.

    b) Vorhandensein von Kristallisationskeimen.

5 a) Zufällig in der Anordnung einer Elementarzelle zusammenkommende Atome oder noch nicht geschmolzene submikroskopische Kristallreste in der Schmelze.

    b) Natürliche Verunreinigungen, die in jeder technischen Schmelze enthalten sind: z. B. Al_2O_3-Teilchen im desoxidierten Stahl, Zusätze in die Gießpfanne: MgNi-Legierung für kugelige Graphiterstarrung im Kugelgraphitguss, Na-Zusätze zu AlSi-Gusslegierungen.

6 a) Schnelle Abkühlung fördert das Entstehen der arteigenen Keime.

    b) Zusatz von Fremdkeimen (Impfstoffen).

7 Wenn ein Metallatom sich aus der Schmelze an ein Kristallgitter angliedert, so verkleinert sich seine kinetische Energie. Nach dem Energieerhaltungssatz geht dieser Betrag nicht verloren, sondern erscheint als Kristallisationswärme.

8 Unterkühlung ist die Temperaturdifferenz zwischen dem Erstarrungspunkt und der wirklichen Temperatur der Schmelze (z. B. an einer kälteren Formwand). Dieser Un-

gleichgewichtszustand wird durch Wachstum von Kristallen und die dabei freiwer-
dende Kristallisationswärme wieder ins Gleichgewicht gebracht.

9   *Anisotropie* ist das Phänomen, dass ein Körper unterschiedliche Eigenschaften in un-
     terschiedliche Richtungen hat.

     Anisotrop verhält sich ein Einkristall, dessen Eigenschaften von der Richtung im
     Raumgitter abhängen.

     Isotrope Körper wie z. B. Glas, Wachs, reine Kunstharze haben keine richtungsab-
     hängigen Eigenschaften.

     Glasfaserkunststoff GFK hat höchste Festigkeit in Faserrichtung, quer dazu wesent-
     lich geringere. Holz verhält sich ebenso.

     Graphit hat eine elektrische Leitfähigkeit nur senkrecht zur c-Achse Gitters, in Rich-
     tung der c-Achse ist Graphit fast ein Isolator. Desgleichen hat Graphit die Fähigkeit,
     in dünnsten Schichten abzugleiten: Schmierwirkung als Festschmierstoff.

10   Eine bevorzugte Ausrichtung bestimmter Kristallachsen im Raum, hervorgerufen
     durch Bearbeitungsverfahren wie Gießen, Walzen und Ziehen. Dadurch verhält sich
     der Werkstoff anisotrop. Normalerweise sind im vielkristallinen Werkstoff die Kris-
     talle regellos ausgerichtet; er verhält sich, als ob er isotrop wäre (quasi-isotrop).

11   Beide Erscheinungen führen zu anisotropen Verhalten, haben aber keinen Einfluss
     aufeinander, d. h. sie können allein aber auch gemeinsam auftreten. Faserstruktur
     erfordert Verunreinigungen im Gefüge (Schlacken, Seigerungszonen), Textur kann
     auch in hochreinen Werkstoffen min einem Gefüge mit isotroper Kristallform auftre-
     ten.

12   a) Nichtmetallische Einschlüsse und Seigerungszonen können bei der Warmumfor-
        mung fadenförmig gestreckt werden; härtere und sprödere Arten zerbrechen und
        ordnen sich zeilenförmig parallel zur Verformungsrichtung.

     b)

Probe	Zugfestigkeit	Dehnung
Quer	Niedriger	Niedriger
Längs	Höher	Höher

2.2 Struktur und Verformung der Realkristalle

2.2.1 Kristallfehler

1

Dimension	Kristallbaufehler
0	Leerstelle, Zwischengitteratom, Fremdatom
1	Versetzung (Schrauben-, Stufen-)
2	Oberfläche, Korngrenze, Zwillingsgrenze
3	Ausscheidung, Einschluss, Pore

2   Leerstellen entstehen schon durch die Wärmeschwingungen der Atome. Alle anderen Gitterfehler entstehen durch die Fertigungsverfahren.

3   In der Realität gibt es keinen reinen Stoff und außerdem immer mindestens eine endliche Löslichkeit für Fremdatome in einem Kristall. Durch beschleunigte Abkühlung von hohen Temperaturen können Fremdatome den Kristall nicht mehr verlassen.

4   Jeder Gitterfehler im Metall senkt die elektrische Leitfähigkeit, da Gitterfehler die Beweglichkeit der Elektronen herabsetzen.

5   Die Existenz von beweglichen Versetzungen ist Voraussetzung für die plastische Verformbarkeit der Metalle. Eine erhöhte Versetzungsdichte führt dazu, dass sich die Versetzungen in ihrer Bewegung gegenseitig behindern: Die Verformbarkeit sinkt.

6   Ähnlich große Atome (im Regelfall andere Metalle) sitzen im Austausch auf Gitterplätzen. Sie bilden Substitutions- oder Austauschmischkristalle. Kleinere Atome (im Regelfall Nichtmetalle) sitzen auf Zwischengitterplätzen und bilden Einlagerungs- oder interstitielle Mischkristalle.

7

	Austausch-MK	Einlagerungs-MK
Atom-∅	Möglichst gleich	Stark unterschiedlich
Atomart	Metall/Metall	Metall/Nichtmetall
LE-Standort	Gitterplätze	Zwischengitterplätze
Löslichkeit	Relativ hoch	Relativ gering
Gitterstörung	Relativ gering	Groß
Härte	Wenig erhöht	Stark erhöht
Verformbarkeit	Wenig verändert	Stark erniedrigt

2.2.2 Verformung der Realkristalle und Veränderung der Eigenschaften

1   Bei *niedrigen* Spannungen entstehen *elastische* Formänderungen. Oberhalb einer bestimmten Spannung kommen *plastische* Formänderungen dazu. Eine plastische Verformung hat stattgefunden, wenn das Bauteil nach Be- und Entlastung seine Ausgangsmaße verändert hat.

2   a) Es entsteht eine resultierende anziehende Kraft, die beim Abstand l_{max} zu einem
        Höchstwert angestiegen ist; bei weiterer Entfernung der Atome sinkt sie auf null
        ab.

    b) Die Atome dürfen sich nicht über l_{max} hinaus voneinander entfernen.

    c) Drei Richtungen, die unter 120° zueinander liegen. Nur so bleibt jedes Atom der
        oberen Ebene in kleinstem Abstand zur unteren Ebene.

3   a) Die erforderliche Spannung, um zwei Gitterebenen parallel zur Berührungsebene
        zu verschieben

    b) die erforderliche Spannung, um zwei Gitterebenen senkrecht zur Berührungsebe-
        ne voneinander zu entfernen

    c) der Trennwiderstand.

4   Translation ist die Verschiebung von Gitterebenen gegeneinander. Sie findet in den
    Gleitebenen statt, wobei nur bestimmte Gleitrichtungen möglich sind. Plastische Ver-
    formung findet in technischen Prozessen durch Versetzungsbewegung statt. Verset-
    zungen bewegen sich so, dass effektiv eine Translation stattfindet.

5   a) Gitterebenen und darin liegende Richtungen, in denen die Versetzungsbewegung
        eine kleinste Kraft erfordert (minimaler Gleitwiderstand). Es sind die Ebenen
        dichtester oder relativ dichter Packung sowie die Richtungen, in denen die Atome
        am dichtesten liegen.
        Gleitmöglichkeit ist das Produkt aus der Anzahl der Gleitebenen und Gleitrich-
        tungen.

    b) Die Flächen des Oktaeders, der in die Elementarzelle des kfz-Gitters einbeschrie-
        ben werden kann. Sie liegen paarweise parallel, deswegen: vier Ebenen mal drei
        Gleitrichtungen ergeben 12 Gleitmöglichkeiten.

    c) In allen Ebenen, welche die Raumdiagonale enthalten, können sich Versetzungen
        bewegen. Es gibt also sehr viele Gleitmöglichkeiten. Da aber keine der Gleitebe-
        nen dichtest gepackt ist, ist der Gleitwiderstand trotzdem höher als im kfz-Gitter.

    d) Basisebene des Sechseckprismas mit drei Gleitrichtungen und drei Gleitmöglich-
        keiten.

6

Kristallgitter	krz	kfz	hdP.
Bewertung	Hoch	Sehr hoch	Gering

7   Die Zugkraft muss so angreifen, dass eine maximale Schubspannung auf einer Gleit-
    ebene in eine Gleitrichtung wirkt. Das ist der Fall, wenn die Gleitebene und die
    Gleitrichtung unter 45° zur Zugkraft liegen.

8

a)

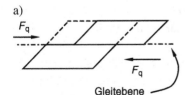

Gleitebene

b)

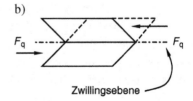

Zwillingsebene

9   Innerhalb *eines* Kristallkornes sind gerade Linien einzeln oder parallel zu bemerken. Dadurch entstehen Flächen verschiedener Helligkeit (Zwillingsstreifen).

10   Es existieren keine Ebenen dichtester Packung, damit ist die Versetzungsbewegung (noch stärker als beim krz-Gitter) erschwert. Die Wahrscheinlichkeit, dass der Werkstoff hohe Spannungen ohne plastische Verformung erträgt und dann verformungslos bricht, ist sehr hoch: Der Werkstoff wird hart und spröde.

11   Nach der Entlastung haben sich Form und Abmessungen des Körpers nicht verändert.

2.3 Verfestigungsmechanismen

1   Alle Gitterfehler behindern Versetzungen in ihrer Bewegung und wirken deshalb verfestigend.

2

Dimension	Gitterfehler	Verfestigungsart
0	Fremdatom	Mischkristallverfestigung
1	Versetzung	Kaltverfestigung
2	Korngrenze	Feinkornverfestigung
3	Ausscheidung	Teilchenverfestigung

3   Zwillingsbildung bei hexagonalen und bestimmten kfz-Werkstoffen, z. B. Kupfer- und Silberlegierungen, nicht bei Aluminiumlegierungen.

4   Korrosionsbeständigkeit sinkt, elektrische Leitfähigkeit sinkt.

5   Homogene Bronzen und Messinge, Titan mit Sauerstoff, AlMg3.

6   Ausnutzen der Herstellung (dünne Bleche und Drähte), wenn anschließend keine Wärmebehandlung mehr durchgeführt werden kann (Oberflächenqualität) oder soll (Kostenersparnis) oder braucht (Verbinden nicht durch Schweißen, sondern Schrauben).

7   Feinkornbaustähle, da durch Absenkung des Kohlenstoffgehaltes die Schweißeignung steigt.

8   Bestimmte Aluminium- und Kupferlegierungen.

9

Verfestigungsart	Praxisbeispiel
Mischkristallverfestigung	AlMg3 O
Kaltverfestigung	Al99.5 H12
Feinkornverfestigung	S355M
Teilchenverfestigung	AlSiMg T6

10   Einsparung von Werkstoff und Energie bei der Herstellung eines Bauteils; ständige Einsparungen an Energie durch Leichtbau während des Betriebes bei Fahrzeugen und bewegten Teilen.

11   Beginn der Versetzungsbewegung → Kaltverfestigung (Zähigkeitsabfall).

12   Versetzungsbewegung muss erschwert werden (Details siehe Antwort 13a).

13 a) Kaltverfestigung, Feinkornverfestigung, Mischkristallverfestigung, Teilchenver-
       festigung.
    b) Mit steigender Festigkeit sinkt im Regelfall die Zähigkeit, nur bei Feinkornver-
       festigung nicht.
    c) Mischkristallverfestigung, Kaltverfestigung kann durch Rekristallisation, Fein-
       kornverfestigung durch Kornwachstum und Teilchenverfestigung durch Teil-
       chenvergröberung bzw. Lösungsglühen aufgehoben werden.
14 Schweißeignung durch niedrige C-Gehalte, dabei erhöht sich die Zähigkeit (wenig
    Zementit im Gefüge bzw. geringe Aufhärtungsneigung). Die Festigkeit wird durch
    LE und thermo-mechanische Behandlung erhöht. Dabei wirken die LE *mehrfach*,
    z. B. durch Mischkristallverfestigung, zur Kornfeinung beim Rekristallisieren und
    durch Aushärtung beim Abkühlen nach dem letzten Walzgang. Dadurch sind von
    den LE, Ti, Mo und Nb nur geringe Gehalte erforderlich (mikrolegiert).

2.3.2 Kaltverfestigung (Verformungsverfestigung)

1 Kaltverfestigung ist die Zunahme von Härte und Dehngrenze beim Kaltverformen.
   Dabei sinkt die restliche Kaltformbarkeit. Der Werkstoff versprödet.
2 a) Da es keine Korngrenzen gibt, können Versetzungen große Wege ohne Behinde-
      rung zurücklegen. Dadurch verfestigt ein Einkristall bei der Kaltverformung zu-
      nächst kaum. Erst wenn sich genügend Versetzungen während der Kaltverformung
      gebildet haben, behindern sich diese gegenseitig, und es kommt zur Kaltverfesti-
      gung.
      Bei Vielkristallen müssen die einzelnen Kristalle bei der Kaltverformung zusam-
      menhalten. Außerdem behindern die Korngrenzen die Versetzungsbewegung. Des-
      halb beginnt die plastische Verformung bei höheren Spannungen als beim Einkris-
      tall. Außerdem kommt es im Regelfall sofort zur Verfestigung.
   b) Der Gleitwiderstand wird größer, während der Trennwiderstand sinkt.
3 a) $\varepsilon =$ Verformungsgrad, $\Delta L =$ Längenänderung, $L_0 =$ Anfangslänge, $\varepsilon = \frac{\Delta L}{L_0}$.
   b) $\varepsilon = \frac{1,5\,mm - 0,3\,mm}{1,5\,mm} = 0,8 = 80\,\%$.
   c) $\frac{d_0 - 0,2\,mm}{d_0} = 60\,\% = 0,6$; $d_0 = \frac{0,2\,mm}{0,4} = 0,5\,mm$.
4

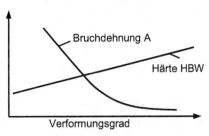

5 Durch Kaltverformung wird die Versetzungsdichte erhöht. Die Versetzungen behindern sich gegenseitig in ihrer Beweglichkeit und erfordern deswegen zur weiteren plastischen Verformung eine erhöhte Spannung.

6 Durch die Kaltverformung wird insbesondere die Versetzungsdichte erhöht. Damit wird die Beweglichkeit der freien Elektronen geringer (ähnlich wie bei Metallen höherer Temperatur).

7 Durch die Kaltformgebung der Halbzeuge wird die Festigkeit erhöht. Die *H*-Zahl gibt die erreichte Verfestigung an. H18 steht für die übliche maximale Kaltverfestigung einer Aluminiumlegierung, H12 für nur 1/4 des Festigkeitsanstieges zwischen weich (Zustand O) und H18.

8 Kaltgeformte Schrauben aus unlegierten Stählen erreichen z. T. die Festigkeit solcher aus niedrig legierten, vergüteten Stählen.

Prägepolieren von Bohrungen: Durchstoßen einer polierten Kugel mit Übermaß. Austenitische Stähle zeigen starke Kaltverfestigung.

Austenitischer CrNi-Stahl lässt sich nur mit scharfen Werkzeugen bearbeiten (bohren), bei stumpfen Werkzeugen wird mit höherer Vorschubkraft gearbeitet, die Kaltverformung und -verfestigung zur Folge hat: dadurch kann sich das Werkzeug bis zur Rotglut und damit zum Härteverlust erhitzen.

Kaltgezogene Stangen für die Automatenbearbeitung haben gegenüber dem weichen Zustand einen kürzeren Span.

2.4 Vorgänge im Metallgitter bei höheren Temperaturen (Thermisch aktivierte Prozesse)

2.4.1 Allgemeines

1 Über den Wahrscheinlichkeitsfaktor $\exp\left(-\frac{Q}{RT}\right)$.

Bei unendlicher Temperatur nimmt er den Wert 1, bei 0 K den Wert 0 an. Wie stark sich die Geschwindigkeit eines Prozesses mit der Temperatur ändert, hängt von der Aktivierungsenergie Q ab. Je größer Q ist, desto höhere Temperaturen müssen erreicht werden, um eine bestimmte Prozessgeschwindigkeit zu erreichen.

2 Höhe der Energiebarriere, die für einen thermisch aktivierten Prozess überwunden werden muss.

2.4.2 Kristallerholung und Rekristallisation

1 Kristallerholung ist der Abbau von inneren Spannungen durch Wandern von Versetzungen in energetisch günstigere Positionen bei Temperaturen unterhalb der Rekristallisationsschwelle. Das Verformungsgefüge bleibt erhalten, die Bruchdehnung erhöht sich leicht, die Härte geht geringfügig zurück.

2 a) Umkristallisation des Verformungsgefüges in ein neues Gefüge mit anderer Korngröße und Kornform. Dabei kommt es zu einem deutlichen Abbau der Versetzungsdichte und somit zur Festigkeitsabnahme auf die Festigkeit des unverformten Zustandes.

   b) Es muss eine Mindestverformung vorausgegangen sein (kritischer Verformungsgrad etwa 5…8 %), die Temperatur muss oberhalb der Rekristallisationsschwelle gehalten werden und es muss eine ausreichende Zeit zur Verfügung stehen.

   c) Je höher die Temperatur ist, desto höher ist die Rekristallisationsgeschwindigkeit. Zur Neubildung der Kristalle müssen die Atome submikroskopische Platzwechsel ausführen. Das geht umso leichter, je stärker die Atome schwingen, d. h. bei höherer Temperatur (thermisch aktivierter Prozess).

   d) Langzeitbeanspruchung bei Temperaturen in der Nähe der Rekristallisationsschwelle können bei kaltverformten Metallen nach sehr langen Zeiten zu Festigkeitsverlust führen.

3 Verformungsgrad, Glühtemperatur und Glühzeit. Feinkorn wird durch starke Verformung (viele Keime) und Temperaturen dicht über der Rekristallisationsschwelle erzielt, wobei die Glühzeit so gewählt werden muss, dass der Werkstoff gerade eben rekristallisiert ist. Grobkorn entsteht nach schwacher Verformung und zu hohen Glühtemperaturen schon bei kurzen Zeiten. Bei langen Glühzeiten und hohen Temperaturen kann ebenfalls durch Kornwachstum Grobkorn entstehen.

4 Bei ca. 40 bis 50 % der Schmelztemperatur (in K gerechnet!).

2.4.3 Kornvergröberung (-wachstum)

1 Durch Anwendung zu hoher Temperaturen (Überhitzen) oder zu langes Halten selbst bei richtiger Temperatur (Überzeiten).

2 Zum Kornwachstum neigen homogene Gefüge wie z. B. Austenit, da nichts die Korngrenzen festhält und dadurch das Kornwachstum unbehindert stattfinden kann.

3 Heterogene Gefüge, die bei Glühtemperatur auf den Korngrenzen noch ungelöste Kristalle anderer Phasen aufweisen, die die Korngrenzen festhalten und dadurch das Kornwachstum behindern.

4 a) Grobkörnige Gefüge zeigen an Stellen mit starker Kaltumformung sichtbare Rauigkeit durch Abzeichnen der Korngrenzen, da sich jeder einzelne Kristall an der Oberfläche frei verformen kann (Apfelsinenhaut).

   b) Alle mechanischen Eigenschaften werden erniedrigt, also Festigkeit **und** Verformbarkeit, am stärksten sinkt die Zähigkeit in der Kälte (Kerbschlagarbeit und Übergangstemperatur).

2.4.4 Warmumformung

1   Eine Umformung deutlich über der Rekristallisationsschwelle, dass während des Verformungsprozesses der Werkstoff bereits rekristallisiert und so keine Verfestigung einsetzt.

2   Wenn die Verformungsgeschwindigkeit größer als die Rekristallisationsgeschwindigkeit ist, erfolgt Kaltverfestigung. Der Energiebedarf wird größer, es besteht die Gefahr von Rissen.

3   Superplastizität ist die Fähigkeit, sehr große Dehnungen ohne Bruch zu ertragen (wie beim Glasblasen). Sie erfordert sehr feinkörniges Gefüge und geringe Verformungsgeschwindigkeit bei höherer Temperatur.

4   Kaltumformung führt zu Kaltverfestigung und damit Versprödung, die Verformbarkeit ist begrenzt. Warmumformung bei ständiger Rekristallisation ist theoretisch unbegrenzt durchführbar. Die Grenze ist die Rekristallisationsschwelle des jeweiligen Werkstoffes.

2.4.5 Diffusion

1   Diffusion ist die Wanderung von Atomen im Kristallgitter im Regelfall unter Einfluss eines Konzentrationsgefälles. Dazu müssen die Atome im Gitter löslich sein.

2   Konzentrationsgefälle von Atomen, Molekülen und Ionen.

3   Löslichkeit der diffundierenden Atome, Leerstellen im Kristallgitter bei Diffusion von Substitutionsatomen.

4   Erhöhte Konzentrationsgefälle und Temperaturen beschleunigen die Diffusion. Eine hohe Versetzungsdichte bzw. kleine Korngröße beschleunigt Diffusion ebenfalls. Andere Fremdatome können die Diffusion behindern.

5   Von Bereichen hoher Konzentration oder Verzerrung nach solchen mit geringerer oder keiner.

6   a) Ausgleich von inhomogener Verteilung von LE im Gefüge oder Zufuhr von LE von außen (thermo-chemische Verfahren).

   b) Ausscheidung von Phasen (Sekundärkristallen) aus MK mit abnehmender Löslichkeit.

   c) Auflösung von Phasen (Sekundärkristallen) bei zunehmender Löslichkeit der MK.

7   Weil das krz-Gitter nicht so dicht gepackt ist wie das kfz-Gitter und C über Zwischengitterplätze diffundiert.

8   Wasserstoff, weil er das kleinste Atom ist.

9   Sie muss vervierfacht werden.

2.4.6 Werkstoffverhalten bei höheren Temperaturen unter Beanspruchung

1 Durch Wärmeschwingung der Atome steigt die Beweglichkeit der Versetzungen. Bei Temperaturen über der Rekristallisationsschwelle wird eine Verformungsverfestigung ständig durch Rekristallisation aufgehoben.

2 Kriechen ist die ständige, langsame, plastische Verformung bei Spannungen unterhalb der normalen 0,2-%-Dehngrenze. Sie führt nach einer temperatur- und spannungsabhängigen Zeit zum Bruch. Bei höheren Temperaturen können Gleithindernisse durch Klettern überwunden werden. Zwischen gleichartigen Kristallen findet unter besonderen Umständen sogar Korngrenzengleiten statt.

3 Mischkristallverfestigung, insbesondere durch Molybdän; Vergütungsgefüge mit Karbiden, die nur sehr langsam vergröbern (Mo, V, W); grobkörnige Gefüge (bei ruhender Beanspruchung); Einlagerung feindisperser, nichtmetallischer Phasen z. B. durch PM-Herstellung, kfz-Kristallgitter.

4 a) Die Zeitstandfestigkeit für 100 h bei 700 °C beträgt 60 N/mm^2.

   b) Die 1-%-Zeitdehngrenze für 10.000 h bei 650 °C beträgt 120 N/mm^2.

2.5 Legierungen (Zweistofflegierungen)

2.5.1 Begriffe

1 Reine Metalle haben meist zu geringe Festigkeit.

2 Durch Zusatz von LE werden die Eigenschaften entsprechend den Anforderungen verändert, vor allem die Festigkeit.

3 Höhere Festigkeit durch C, Korrosionsbeständigkeit durch Cr, erhöhte Zerspanbarkeit durch S, erhöhte Verschleißfestigkeit durch W und C.

4 Es sind die chemischen Elemente, aus denen die Legierung hergestellt wird.

5 Die Massenverhältnisse der Komponenten sind bei Legierungen beliebig, bei chemischen Verbindungen festgelegt.

6 Eine Legierung ist eine Mischung von mindestens einem Metall mit mindestens einem Metall oder Nichtmetall. Beispiele: Metall/Metall: Cu-Zn, Messing: Metall/Nichtmetall: Fe-C, Grauguss.

7 Metall und Nichtmetall streben in der chemischen Verbindung den Edelgasaufbau ihrer Elektronenhülle durch Elektronenaustausch (Ionen- oder Elektronenpaarbindung) an. Dadurch stehen keine Elektronen mehr für das Elektronengas (metallische Bindung) zur Verfügung.

8 Karbide, Nitride, Oxide, Sulfide.

9 Phasen sind einheitliche (homogene) feste oder flüssige Körper, die sich durch eine sichtbare (evtl. mikroskopisch) Grenzfläche von andersartigen Körpern mit sprunghaft sich ändernden Eigenschaften unterscheiden.

10 Bei einem Phasenübergang ändern sich Eigenschaften sprunghaft, z. B. die Dichte, der Wärmeausdehnungskoeffizient oder die spezifische Wärme.

11 a) 2 Komponenten (Al und Mg),
        1 Phase (kfz-Mischkristall),
    b) 2 Komponenten (Fe und C),
        2 Phasen (Ferrit und Zementit).

12 Reinmetalle erstarren je nach Abkühlungsgeschwindigkeit bei einer bestimmten Temperatur (Haltepunkt). Legierungen haben im Regelfall einen Erstarrungsbereich (Knickpunkte).

13 a) Vollständige Löslichkeit, z. B. Wasser + Alkohol; teilweise Löslichkeit, z. B. Wasser + Öl (fast vollständige Unlöslichkeit) oder Wasser + Salz.
    b) Fall 1. Nur so entsteht durch Schmelzen ein Werkstoff, der nach dem Abgießen in allen Bereichen annähernd gleiche Zusammensetzung und dadurch gleiche Eigenschaften aufweist.

14 Eutektisches System (Cu-Ag), System mit vollständiger Löslichkeit im festen und flüssigen Zustand (Cu-Ni).

15 (1) Gleiches Kristallgitter, (2) möglichst gleiche Gitterkonstante, also annähernd gleiche Atomradien, (3) gleiche Wertigkeiten, (4) geringer Abstand in der elektro-chemischen Spannungsreihe.

16 Wenn größere Unterschiede in einem der folgenden Kriterien Raumgittertyp, Gitterkonstante bzw. Atomradius und Wertigkeit bestehen, kann ein eutektisches System entstehen; andere komplexere Zustandsdiagramme sind ebenfalls möglich.

17 Als heterogene Legierung 2-phasig oder als homogene Legierung 1-phasig.

18 Die Komponenten bauen bei einer Temperatur ein gemeinsames Kristallgitter auf, sie bilden einen Mischkristall.

19 Die Komponenten bauen bei einer Temperatur nur in bestimmten Konzentrationsbereichen ein gemeinsames Kristallgitter auf. Die gegenseitige Löslichkeit ist (evtl. auf extrem kleine Werte unlöslich) beschränkt. Es entstehen in der Regel heterogene Zweistofflegierungen aus zwei verschiedenen Mischkristallen oder aus Mischkristall und einer intermetallischen Verbindung.

2.5.2 Zustandsdiagramme, Allgemeines

1 Es ist der Schnittpunkt zwischen der senkrechten Legierungskennlinie und der Liquiduslinie.

2 a) Cd-Kristalle,
    b) prozentuale Anreicherung der Schmelze mit Wismut durch Ausscheiden der Cd-Kristalle. Wenn sich Cd-Kristalle ausscheiden, wird die Schmelze automatisch Bi-reicher, da die Gesamtmenge konstant bleibt. Die Bi-reiche Schmelze scheidet bei weiterer Abkühlung wiederum Cd aus, bis der eutektische Punkt erreicht ist.

3 a) Die eutektische Zusammensetzung mit 60 % Bi und 40 % Cd. Nur diese Zusammensetzung kann bei dieser Temperatur noch als Schmelze bestehen.

   b) Gleichzeitige Erstarrung von Cd und Bi in ihren jeweils eigenen Kristallgittern zu einem feinkörnigen Eutektikum.

   c) Anwendung des Hebelgesetzes
   Massenanteil Bi im Eutektikum: 60 %,
   Massenanteil Bi in der Legierung: 50 %,
   Massenanteil Bi in der Cd-Phase: 0 % L_1 besteht also zu ca. 17 % Cd-Kristallen (grobkörnig, da in der Schmelze gewachsen) und damit 83 % feinkörnigem Eutektikum, welches aus 40 % Cd-Kristallen und 60 % Bi-Kristallen besteht.
   Daraus folgt für den Mengenanteil m_{Cd}
   $$m_{Cd} = \frac{60\,\%-50\,\%}{60\,\%-0\,\%} = 0,1\overline{6} \approx 17\,\%.$$

4

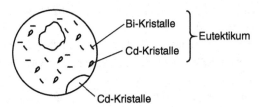

5 a) Die untereutektischen Legierungen bestehen aus primären Cd-Kristallen und Eutektikum.

   b) Die übereutektischen Legierungen bestehen aus primären Bi-Kristallen und Eutektikum.

6 analog zu Aufgabe 3c)
   $$m_{Bi} = \frac{90\,\%-60\,\%}{100\,\%-60\,\%} = 0,75 = 75\,\% \text{ entsprechend } m_{Eutektikum} = 25\,\%.$$

7 Bei Cu-Zn-Legierungen kann es vorkommen, dass zuerst ein kfz-Mischkristall (α) kristallisiert. Bei Unterschreiten einer bestimmten Temperatur, der peritektischen Temperatur, reagiert der α-Mischkristall mit der Schmelze und bildet einen krz-Mischkristall (β) mit anderer Zusammensetzung. Die Reaktionsgleichung ist: α + Schmelze $\rightarrow$ β.

8 Bei Unterschreiten einer Temperatur zerfällt eine feste Phase in zwei andere feste Phasen, z. B. bei Stahl $\gamma - MK \rightarrow \alpha - MK + Fe_3C$ bei 723 °C.

2.5.3 Zustandsdiagramm mit vollkommener Mischbarkeit der Komponenten

1 Sie haben einen Erstarrungsbereich.

2 Je nach Größe des Erstarrungsbereiches neigt die Legierung mehr oder weniger stark zu Seigerungen.

3 Durch ihre Solidus- und Liquidustemperaturen und ihre Zusammensetzung.

4

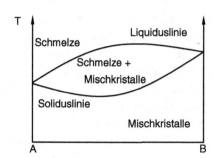

5   Schnittpunkt zwischen der senkrechten Legierungskennlinie und der Liquidus-Linie.

6   Mischkristalle mit etwa 35 % Cu.

7   a) Etwa 7:39 = 18 % Mischkristalle, die wesentlich Ni-reicher (62 %) sind als die
       Legierung L_1 mit 30 % Ni, sowie etwa 32:39 = 82 % Schmelze, deren Ni-Gehalt
       etwas kleiner als L_1 ist.

    b) Etwa 24:29 = 83 % Mischkristalle, deren Ni-Gehalt noch etwas größer als der von
       L_1 ist sowie etwa 5:29 = 17 % Schmelze, deren Ni-Gehalt wesentlich kleiner ist
       als der von L_1.

8   Damit bei sinkender Temperatur die Schmelze (großer Anteil nach Hebelgesetz) wei-
    ter flüssig existieren kann, muss sie Ni-ärmer werden als L_1 (Verlauf der Liquidus-
    Linie). Das geschieht dadurch, dass die ersten gebildeten Mischkristalle (kleiner An-
    teil) wesentlich mehr Ni enthalten als L_1 besitzt. Die weiterwachsenden Kristalle
    erhalten einen Zuwachs aus der Schmelze, dessen Ni-Gehalt kleiner ist. Durch Diffu-
    sion tritt Ausgleich ein ($K_O \rightarrow K_u$). Dabei verarmt die Schmelze immer mehr an Ni
    ($S_O \rightarrow S_u$) und wird zum Ende der Erstarrung hin aufgezehrt.

9   a) Mischkristalle mit 30 % Ni. Die zunächst entstehenden Mischkristalle ändern
       durch Diffusion ständig ihre Zusammensetzung, sodass nach vollständiger Erstar-
       rung alle Mischkristalle die Zusammensetzung von L, mit 30 % Ni erreichen.

    b) unendlich langsame Abkühlung.

    c) Die Diffusion wird behindert, dadurch entstehen Schichtkristalle mit Ni-reichem
       Kern und Ni-ärmerer Randzone: Kristallseigerung.

10 Durch langsame Abkühlung.

11 Durch langzeitiges Glühen unterhalb der Soliduslinie (Diffusionsglühen). Durch
    Warmumformung (Walzen, Schmieden, Strangpressen) werden die Diffusionswege
    verkürzt, sodass der Konzentrationsausgleich schneller geschieht.

2.5.4 Allgemeine Eigenschaften der Mischkristalllegierungen

1   Das Kristallgitter der Mischkristalle ist durch die kleineren oder größeren Atome der
    LE verzerrt. Die Versetzungsbewegung erfordert größere Spannungen als bei reinen
    Metallen, daraus folgen höhere Härte und Festigkeit.

2 a) Alle Kristalle des homogenen Gefüges nehmen an der plastischen Verformung teil, deswegen sind relativ große Kaltverformungsgrade möglich. Bei Legierungen auf Kupfer- und Silberbasis kann sogar noch die Verformbarkeit zunehmen, da Zwillingsbildung als zweiter Verformungsmechanismus wirksam wird (Messing bis 30 % Zn).

  b) Die Legierungen haben einen Erstarrungsbereich, d. h. an kalten Formwänden wachsen Kristalle, welche die Formfüllung behindern; größeres Schwindmaß und Kristallseigerungen.

  c) Das homogene Gefüge ergibt wegen der hohen Kaltformbarkeit Fließspan und eine raue Oberfläche.

  d) Mischkristalllegierungen werden überwiegend als Knetlegierungen verwendet.

  Gussblock → Warmumformen → Halbzeug → Kaltumformen/Fügen → Fertigteil.

3 **Tiefziehblech:** C-armer Stahl, α-Mischkristalle; **Knetmessing: CuZn37**, kfz-Mischkristalle.

  CrNi-Stahl rostfrei: X5CrNi18-10; γ-Mischkristalle.

4 Zulegierung von 1...3 % Blei in Cu- und Al-Knetlegierungen (Automatenlegierungen); Verarbeitung der Halbzeuge im kaltverfestigten Zustand (z. B. H18 bei Al-Legierungen).

  Automatenstähle: Schwefelgehalte um 0,2 % als Mangansulfide feinverteilt wirken span.-brechend in C-armen Stählen.

2.5.5 Eutektische Legierungssysteme (Grundtyp II)

1

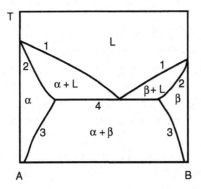

1 Liquiduslinie
2 Soliduslinie
4 eutektische Linie
3 Löslichkeitslinie

2 Ein Eutektikum ist einerseits ein Bauelement eines Zustandsdiagrammes. Es ist dadurch gekennzeichnet, dass bei einer Abkühlung aus einer Schmelze zwei feste Phasen entstehen. Andererseits ist Eutektikum ein Ausdruck für das zweiphasige Gefüge, das sich bei der Erstarrung einer eutektischen Schmelze bildet.

3 *Eutektische Reaktion*: Phasenumwandlung, bei der aus einer Schmelze bei Abkühlung zwei feste Phasen entstehen.

  Eutektische Temperatur: Temperatur, bei der die eutektische Reaktion stattfindet.

Eutektische Zusammensetzung: Zusammensetzung, bei der die eutektische Reaktion abläuft, ohne dass vorher bei der Abkühlung ein Zweiphasengebiet (heterogenes Gebiet) durchlaufen wurde.

Eutektische Linie: horizontale Linie im eutektischen System.

4   Unter *Seigerung* versteht man das Auftreten von Konzentrationsunterschieden in einem gegossenen Körper, die darauf zurückzuführen sind, dass auf Grund einer beschleunigten Abkühlungsgeschwindigkeit ein Konzentrationsausgleich während der Abkühlung nicht vollständig stattfinden kann. Seigerung kann als Blockseigerung (Konzentrationsunterschiede über den Querschnitt des Gussblockes) oder als Kristallseigerung (Konzentrationsunterschiede im Kristallitmaßstab) auftreten.

5   Ofendimensionierung, Feststellung der Neigung einer Legierung zur Seigerung, Festlegung von Wärmebehandlungstemperatur, Aussuchen eines Lotes, Vorhersage von Eigenschaften.

2.5.6 Allgemeine Eigenschaften der eutektischen Legierungen

1   Das Gefüge ist eine Mischung aus zwei verschiedenen Phasen mit unterschiedlichen Eigenschaften. Entsprechend der Anteile ergeben sich mittlere Werte. Wenn die 2. Phase allerdings sehr fein verteilt vorliegt, ergeben sich insbesondere bei den mechanischen Eigenschaften ganz neue Werte (z. B. bei der Aushärtung).

2   a) Leichte Gießbarkeit der Legierungen durch niedrige Schmelztemperaturen, geringes Schwindmaß durch kleinen Erstarrungsbereich (evtl. -punkt), hohes Formfüllungsvermögen, da keine Primärkristalle an kalten Formwänden den Durchfluss sperren.

   b) leichte Zerspanbarkeit, wenn eine spröde Phase vorliegt. Durch die sprödere Phase wird der Span gebrochen; es kann kein Fließspan entstehen.

   c) Die Kaltformbarkeit der heterogenen Legierung ist niedriger, da die Phasengrenze für Versetzungen ein sehr starkes Hindernis darstellt. Wenn eine der beiden Phasen auf Grund ihres Kristallgitters geringe Gleitmöglichkeiten aufweist, wird die Kaltumformung überwiegend von einer Kristallart übernommen, was nur begrenzt möglich ist.

   d) Legierungen, die auch bei höheren Temperaturen noch heterogen sind, z. B. alle Legierungen, die eine Zusammensetzung im Bereich der eutektischen Linie haben, werden als Gusslegierungen verwendet.

   Rohgussteil → Wärmebehandlung → Zerspanen → Fertigteil.

3   Niedrigste Schmelztemperatur (Energieaufwand), niedrige Viskosität der Schmelze knapp oberhalb der Schmelztemperatur (hohes Formfüllungsvermögen), seigerungsfreie Erstarrung (gleichmäßige Eigenschaften), z. B. Al Si12, Gusseisen mit 4,3 % C.

4   als Lot, z. B. Pb-Sn, Cu-Ag (mit Zn-Zusätzen).

5 Gusseisen ist leichter gießbar: niedrigere Schmelztemperatur, kleinerer Erstarrungsbereich, dadurch geringes Schwindmaß, kaum Primärkristalle in der Schmelze, weniger Seigerungen.

2.5.7 Ausscheidungen aus übersättigten Mischkristallen

1 a) Sättigungskonzentration, Sättigung, Löslichkeit.
   b) Die Löslichkeit sinkt mit fallender Temperatur.
   c) Ausscheidung von Sekundärkristallen, häufig intermetallische Phasen, an den Korngrenzen.
   d) Bildung von übersättigten Mischkristallen, die nur metastabil sind.
2 a) Alterung als ungewollte, Aushärtung bzw. Anlassen als Verfahren des Stoffeigenschaftsänderns.
   b) Härte steigt, Verformbarkeit sinkt, beim Anlassen von Stahl umgekehrt.

2.5.8 Zustandsdiagramm mit Intermetallischen Phasen

1 Bei geringer Ähnlichkeit der Atome tritt nur eine begrenzte Löslichkeit auf. Wird diese in der Legierung überschritten, entstehen Kristalle mit einer vom Mischkristall abgeleiteten Ordnungsstruktur oder mit einem neuen Gitter, meist nicht zum einfachen Metallgittertyp gehörend, aber mit einem ungefähr festen Verhältnis der LE. Darauf basiert ihre Benennung (z. B. Al_2Cu oder Fe_3C).
   Neben der Metallbindung liegen auch Elektronenpaar- und Ionenbindungen im Gitter vor. Dadurch Abnahme der Verformbarkeit bis hin zur vollständigen Versprödung und Zunahme von Härte. Bei Ordnungsstrukturen steigt die elektrische Leitfähigkeit gegenüber dem Mischkristall, da das Gitter der Intermetallischen Phase weniger Gitterfehler hat.
2 In kleinen Mengen und fein verteilt können Intermetallische Phasen zur Ausscheidungsverfestigung verwendet werden. In großen Mengen führen sie zu einer Versprödung des metallischen Werkstoffes.

3 Die Legierung Eisen-Kohlenstoff

3.1 Abkühlkurve und Kristallarten des Reineisens

1 Dichte $\rho = 7{,}86\,\text{g/cm}^3$, Schmelztemperatur $T_\text{m} = 1536\,°\text{C}$.

2 $911\,°\text{C}$, α/γ-Umwandlung; $1392\,°\text{C}$, γ/δ-Umwandlung.

3 Curie-Temperatur, bei Aufheizung verliert Eisen bei dieser Temperatur seine ferromagnetischen Eigenschaften, d. h. oberhalb der Curie-Temperatur ist Eisen nicht dauerhaft magnetisierbar.

4
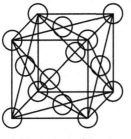 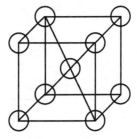

γ-Eisen, Austenit   α-Eisen, Ferrit

5 δ- und α-Eisen haben ein kubisch-raumzentriertes Kristallgitter. Sie unterscheiden sich nur durch den Temperaturbereich, in dem sie existieren.

6 Auf Grund der Wärmeausdehnung ist die Gitterkonstante von δ-Eisen größer als die von und α-Eisen.

7 Austenit (γ-Eisen) sehr hoch, da es ein kfz-Gitter hat. Ferrit (α-Eisen) hoch, da es noch ein kubisches Gitter hat (krz).

8 Einlagerungsmischkristalle, da der Atomdurchmesser des Kohlenstoffs wesentlich kleiner als der der Fe-Atome ist.

© Springer Fachmedien Wiesbaden 2016
W. Weißbach und M. Dahms, *Aufgabensammlung Werkstoffkunde*,
DOI 10.1007/978-3-658-14474-6_17

9   a) kfz-Gitter, γ-Eisen, Austenit.
     b) für das kfz-Gitter:
         Flächendiagonale = 2 halbe und 1 ganzer Kugel-∅

$$a\sqrt{2} = 2D$$

$$D = a/2\sqrt{2} = 0,2578 \text{ nm}$$

Gitterkonstante $d = a - D = 0,1068$ nm

$$d = 0,4142\,D$$

für das krz-Gitter:
         Raumdiagonale = 2 halbe und 1 ganzer Kugel-∅

$$a\sqrt{3} = 2D$$

$$D = a/2\sqrt{3} = 0,2515\,\text{nm}$$

Gitterkonstante $d = 0,155\,D$

10   Austenit: 2 % bei 1147 °C; Ferrit: 0,02 % bei 723 °C.

11   Von der Temperatur; bei niedrigen Temperaturen weniger: bei 723 °C noch 0,8 %.

12   Der Wärmeausdehnungskoeffizient von Austenit ist ca. 50 % größer als der von Ferrit.

13   Der Stab wird dabei sprungartig länger.

14   Dilatometermessung, -kurve.

15

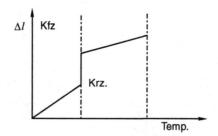

16   Dünnere Querschnitte eines Werkstückes kühlen schneller ab als dickere. Damit findet der Volumensprung in verschiedenen Querschnitten nicht gleichzeitig statt. An den Übergangsstellen entstehen Spannungen.

17   A_3 bzw. Ac_3 (c steht für *chauffage* = Aufheizen).

18   Die Oxidschicht besitzt ein anderes Kristallgitter als das Eisen ohne Umwandlung und Volumensprung. Die Folge sind Schubspannungen zwischen Schicht und Grundwerkstoff. Dadurch platzt die Zunderschicht ab und neue schnelle Oxidation wird möglich: Verzunderung.

19   Durch die Haltepunkte/Knickpunkte in der Abkühlkurve.
     Es ändern sich bei der Umwandlung alle physikalischen Eigenschaften. Man könnte also auch die Änderung der elektrischen Leitfähigkeit messen.

3.2 Erstarrungsformen

1   Die Liquidustemperatur von Eisen wird durch Kohlenstoff bis auf 1053 °C bei 4,3 %
    Kohlenstoff abgesenkt.
2   Beim Hochofenprozess durch die Aufkohlung beim Kontakt mit CO-Gas oder glü-
    hendem Koks.
3   Stabiles und metastabiles System.
4   Stabiles System: α-Eisenkristalle (Ferrit) und C-Kristalle (Graphit),
    metastabiles System: α-Eisenkristalle (Ferrit) und Fe_3C-Kristalle (Zementit).
5   Die Systeme Eisen-Zementit und Eisen-Graphit haben ähnliche chemische Stabilität,
    wobei das System Eisen-Graphit etwas stabiler ist. Da es bei der Bildung von Graphit
    zu einer fast vollständigen Trennung von Eisen und Kohlenstoff kommen muss, ist die
    Bildung von Graphit bei der Erstarrung häufig langsamer, und dann wird die Bildung
    von Zementit möglich.

6

Maßnahme	a	b	c	d	e	f
Stabil			×	×		×
Metastabil	×	×			×	

g) Schnelle Abkühlung und kleiner C-Gehalt erschweren das Entstehen von Kristal-
   lisationskeimen des Graphits. Wegen der Verteilung von C-Atomen im Eisen ist
   für Fe_3C-Keime eine größere Wahrscheinlichkeit vorhanden.
7 Überlagerungen sind möglich. Bei ungleichen Wanddicken ist die Abkühlungsgeschwindigkeit verschieden; sie lässt sich auch steuern, z. B. durch Abschrecken der
   Randzone in wärmeleitenden Formen: Schalenhartguss.

8

2	a		1	e
1	b		3	f
3	c		2	g
2	d		1	h

9   Keine großen Wanddicken (25… max. 60 mm).
10 Die Randzone kühlt schneller ab als der Kern. Dadurch entsteht teilweise metastabile
    Erstarrung mit Zementitbildung. Außerdem wird aus dem Formsand Si aufgenom-
    men, das harte Eisensilizide bildet.
11 Dünne Querschnitte neigen zu metastabiler, dickere zu stabiler Erstarrung: unter-
    schiedliche Härtewerte in einem Werkstück.
12 Die Einstellung eines thermodynamischen Gleichgewichtszustandes (stabile Erstar-
    rung) erfordert Zeit, sowohl zur Keimbildung der einzelnen Phasen als auch zur
    Diffusion der Fe- und C-Atome zu ihren jeweiligen Phasen. Der Zementit bildet
    sich leichter als Graphit, da es eine kleinere Oberflächenenergie hat und es weniger
    Kohlenstoff als Graphit enthält. Das gleiche Argument gilt auch für die bevorzugte
    Martensit- gegenüber der Perlitbildung beim Abschrecken von Stahl.

3.3 Das Eisen-Kohlenstoff-Diagramm (EKD)

3.3.1 Erstarrungsvorgänge

1

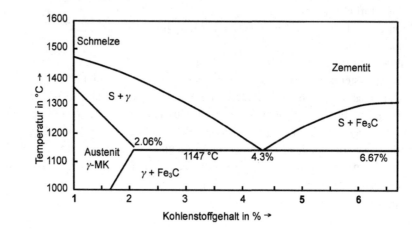

2 a) Das EKD, metastabiles System, besteht aus den Komponenten Eisen-Eisencarbid.
       Eisencarbid Fe_3C enthält 6,67 % C.

   b) Molmasse $M_{Fe_3C} = 3 \cdot 56 + 12 = 180$; Konzentration $c = \frac{M_C}{M_{Fe_3C}} = \frac{12}{180} = 6{,}67\,\%$.

3 a) γ-Mischkristalle (Austenit) mit eingelagerten C-Atomen.

   b) γ-Mischkristalle (Austenit) + Eutektikum.

   c) Primärzementit + Eutektikum; Eutektikum: Austenit + Zementit.

4 Ledeburit.

5 Inneres der Mischkristalle ist C-ärmer als die Randzone: Kristallseigerung.

6

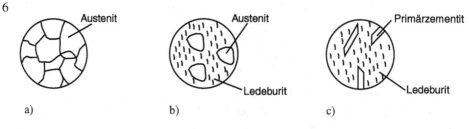

     a)   b)   c)

7 Dendriten.

3.3.2 Die Umwandlungen im festen Zustand

1

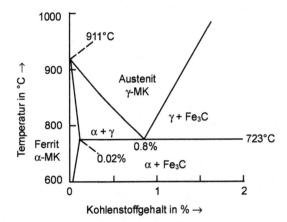

2   Perlit ist die schichtweise Anordnung von Ferrit und Zementit. Er entsteht bei der eutektoiden Umwandlung von Austenit unterhalb 723 °C.

3   A_1 steht für die Temperatur, unterhalb derer kein Austenit mehr stabil ist. Bei reinen Eisen-Kohlenstoff-Legierungen ist dies die eutektoide Temperatur 723 °C. A_3 steht für die Temperatur, oberhalb derer kein Ferrit mehr stabil ist. Die Temperatur ist bei reinem Eisen 911 °C, mit zunehmendem Kohlenstoffgehalt sind die Temperatur auf 723 °C bei 0,8 % C.

4   Mit einem eutektischen System, allerdings scheiden sich dort zwei feste Phasen aus einer flüssigen Phase aus; bei der Stahlecke dagegen aus einer festen Phase. Das entstehende feinkörnige Gemenge aus zwei Kristallarten wird nicht Eutektikum, sondern Eutektoid genannt.

5   Drei Legierungen: eine untereutektoide Legierung (0...0,8 % C), die eutektoide Legierung mit 0,8 % C und eine übereutektoide Legierung (0,8...2 % C).

6   a) oberhalb: Austenit (kfz); unterhalb: Ferrit (krz) + Zementit.

   b) oberhalb: 0,8 % C; unterhalb: maximal 0,02 %.

   c) Die γ-α-Umwandlung des Reineisens bei 911 °C wird durch C-Atome (im Einlagerungsmischkristall) bis auf 723 °C bei 0,8 % C-Gehalt gesenkt. C ist also ein Austenitstabilisator.

   d) Die im Austenit gelösten C-Atome können im entstehenden Ferrit nicht mehr gelöst enthalten sein. Deshalb müssen sie außerhalb des Ferrits eine zweite Kristallart bilden: Zementit, Fe_3C (metastabiles System!).

   e)

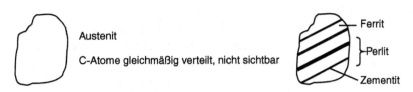

f) Die Kohlenstoffdiffusion benötigt Zeit und verläuft bei hohen Temperaturen schneller als bei niedrigen. Bei schneller Abkühlung fehlt bei hohen Temperaturen die Zeit zur vollständigen Umwandlung. Deswegen verschiebt sich die Umwandlung zu niedrigeren Temperaturen. Die C-Atome können nur kleine Wege zurücklegen. Ferrit- und Zementitkristalle werden zunehmend feinstreifiger.

7   a) Austenitzerfall oder Perlitbildung.

b) die Kohlenstoffdiffusion.

8   a) Bei Unterschreitung von A.

b) α-Eisen = Ferritkristalle.

c) bei 723 °C, der eutektoiden Temperatur.

d) Der Austenit wird C-reicher. Es bilden sich α-Mischkristalle (Ferrit) mit fast verschwindendem Lösungsvermögen für C. Dadurch müssen C-Atome in den verbleibenden Austenit diffundieren und erhöhen dessen C-Gehalt.

e) Bis zu 723 °C, der eutektoiden Temperatur. Der Austenit hat dann 0,8 % C gelöst.

f) Austenitzerfall = Perlitbildung (Antwort Frage 5).

9   a) Hebelgesetz: Ferritgehalt $= \frac{0,5}{0,8} = 62,5\,\%$, Perlitgehalt $= 37,5\,\%$.

b)

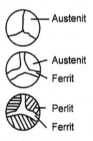

10 Durch das Verhältnis von Ferrit zu Perlit: steigender C-Gehalt = steigender Perlitanteil.

11 Durch die schnellere Abkühlung verschieben sich die Umwandlungstemperaturen nach unten. Dadurch wird die Diffusion der C-Atome verlangsamt. Der Ferritanteil wird kleiner, da A_1 schon unterschritten wird und die Perlitbildung beginnt, bevor die Ferritbildung abgeschlossen ist. Die Kristalle sind insgesamt kleiner, der Perlit feinstreifiger.

12 Indem man schneller als mit oberer kritischer Abkühlungsgeschwindigkeit abkühlt.

13 a) Ausscheidung von Sekundärzementit aus dem Austenit. Die γ-Mischkristalle sind an diesem Punkt gerade gesättigt. Ihr Lösungsvermögen für Kohlenstoff nimmt mit der Temperatur weiter ab. Bei der eutektoiden Temperatur ist der Vorgang abgeschlossen.

b) C-Atome diffundieren an die Korngrenzen und bilden dort zusammen mit Eisenatomen Korngrenzenzementit, der als Schale die Austenitkörner umgibt (Schalenzementit). Im Gegensatz zum Primärzementit, der aus der Schmelze ausscheidet, wird Sekundärzementit im festen Zustand aus dem Austenit ausgeschieden.

c) Der Austenit wird C-ärmer. Bei 723 °C enthält er 0,8 % C. Nur bei dieser Zusammensetzung kann Austenit bis auf 723 °C abkühlen.

d) Austenitzerfall, Perlitbildung.

14 Hebelgesetz: Perlitgehalt $= \frac{6,67-1,0}{6,67-0,8} \approx 96,6\,\%$; Sekundärzementitgehalt $\approx 3,4\,\%$; Ferritgehalt $= \frac{6,67-1,0}{6,67-0,0} \approx 85\,\%$; Zementitgehalt $\approx 15\,\%$.

15 Durch das Verhältnis von Perlit und Sekundärzementit: steigender C-Gehalt, steigende Dicke des Sekundärzementitnetzes.

16 a) Ausscheidungen von Sekundärzementit.

b) als Korngrenzenzementit.

c) Der Austenit wird C-ärmer, 0,8 % C bei der eutektoiden Temperatur.

d) Austenitzerfall = Perlitbildung (Antwort Frage 5).

e)

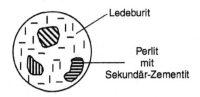

17 Perlitgehalt $= \frac{4,3-3,0}{4,3-0,8} \approx 37,1\,\%$; Ledeburitgehalt $\approx 62,9\,\%$; Ferritgehalt $= \frac{6,67-3,0}{6,67-0,0} \approx 55\,\%$; Gesamtzementitgehalt $\approx 45\,\%$.

18 a) Durch das Verhältnis von Perlit und Ledeburit: steigender C-Gehalt = steigender Ledeburitanteil.

b) (1) γ-Mischkristalle mit ca. 2 % C und Zementit.

(2) γ-Mischkristalle mit 0,8 % C und Zementit.

(3) Perlit und Zementit.

c) Perlitgehalt $= \frac{6,67-4,3}{6,67-0,8} \approx 40,4\,\%$; Zementitgehalt $\approx 59,6\,\%$; Ferritgehalt $= \frac{6,67-4,3}{6,67-0,0} \approx 35,5\,\%$; Gesamtzementitgehalt $\approx 64,5\,\%$.

19 Der Diffusionsweg der C-Atome wird dadurch so kurz wie möglich gehalten. $\Rightarrow$ schnelle Umwandlung.

3.4 Einfluss des Kohlenstoffs auf die Legierungseigenschaften

1 a) In Austenit oder Ferrit gelöst.

b) Als Karbid (Zementit in reinen Fe-C-Legierungen).

c) Als Graphit (der Stahl ist dann in der Regel unbrauchbar).

2 a) Die gesamte chemische Zusammensetzung.

b) Die bisherige Geschichte des Stahles (z. B. Guss, Umformung, Wärmebehandlung).

3   Ein und dieselbe Wärmebehandlung führt je nach chemischer Zusammensetzung zu
    ganz unterschiedlichen Gefügen und damit zu unterschiedlichen Eigenschaften. Während
    ein C-Stahl nach Luftabkühlung aus dem Austenitgebiet relativ weich ist, wird
    ein entsprechender hochchromlegierter Stahl deutlich härter sein.

4   Zugfestigkeit und Härte.

5   Nein.

6   Preisgünstig.

7   C erhöht in kleinen Anteilen die Härte und Festigkeit; ermöglicht die Abschreckhär-
    tung; ist billig, da es bereits im Roheisen enthalten ist.

8   S235: geringe Anteile von hartem Zementit (im Perlit); dadurch Verformbarkeit, ge-
        ringere Härte und Festigkeit.

    E360: höherer Zementitanteil; dadurch hohe Härte und Festigkeit, geringere Ver-
        formbarkeit und Zähigkeit.

9

C-Bereich	Gefüge-Bestandteil	Kristallarten und Form			
		Ferrit		Zementit	
		Feinkörnig, rundlich	Streifig	Streifig	Schalenförmig
0...0,8 %	Ferrit	×			
	Perlit		×	×	
0,8...2 %	Perlit		×	×	
	Sekundär-zementit				×

10 Mit steigenden C-Gehalten steigt der Anteil an hartem, sprödem Zementit im Gefüge
    an, dadurch

    a) sinkt der Anteil an weichem zäherem Ferrit. Die Zugfestigkeit steigt bis 0,8 % C
       beim rein perlitischem Stahl. Über 0,8 % C hinaus tritt zunehmend Korngrenzen-
       zementit auf, welcher den Zusammenhang schwächt: Zugfestigkeit nimmt wieder
       ab,

    b) nimmt die Härte zu,

    c) sinken Bruchdehnung, -einschnürung und Kerbschlagzähigkeit des reinen Ferrits
       anfangs stark, dann geringer ab.

11 Kaltumformbarkeit: steigende Zementitgehalte erhöhen den Kraftbedarf und vermin-
    dern die möglichen Verformungsgrade (Biegeradien beim Abkanten); Grenze etwa
    bei 0,8 % C.

    Warmumformbarkeit: Bei den Arbeitstemperaturen von 800...1300 °C ist der Koh-
    lenstoff zunächst im Austenit gelöst und erfordert steigenden Kraft- und Energiebe-
    darf. Über 0,8 % C kann während des Schmiedens durch Abkühlung das homogene
    Gefüge heterogen werden (störende Zementitausscheidung beim Unterschreiten der
    Kohlenstoff-Löslichkeitslinie), sodass nur noch kleinere Verformungsgrade zuläs-
    sig sind. Die Grenze der Warmumformbarkeit liegt bei etwa 1,7 % C für unlegierte
    Stähle.

12 Bruchdehnung und -einschnürung. Beim Schweißen wird der Werkstoff ungleichmä-
    ßig erwärmt und abgekühlt. Die dabei auftretende behinderte Schrumpfung führt zu
    Eigenspannungen, die nur bei ausreichender Verformungsfähigkeit durch plastische
    Formänderungen abgebaut werden können. Spröde Werkstoffe reißen.

13 Mit steigendem Kohlenstoffgehalt steigt die Neigung zur Martensitbildung bei
    schneller Abkühlung und damit die Rissgefahr. Die Grenze liegt bei ca. 0,2 % C
    bei normalen Schmelzschweißverfahren.

14 a) Härte und Bruchdehnung.
    b) Der Zementitanteil steigt, damit
       (1) steigt auch die Härte, die Zerspanbarkeit nimmt ab, da die Werkzeugbelas-
           tungen immer größer werden.
       (2) sinkt die Verformbarkeit, und damit wird der Stahl kurzspaniger: reines wei-
           ches Eisen ist schwierig zu zerspanen.

15 Auftreten von sprödem Korngrenzen-Sekundärzementit.

16 Kugelförmige Zementitausbildung anstreben. Erreichbar durch Weichglühen.

4 Stähle

4.1 Erzeugung und Klassifizierung

4.1.3 Rohstahlerzeugung

1   Roheisen 3...4 %; Stahl meistens 0,1...0,6 % C.
2   Außer Eisen: Kohlenstoff, Mangan, Silizium, Schwefel, Phosphor.
3   Weil beide Elemente die Zähigkeit von Stahl reduzieren.
4   Roheisen 1100...1200 °C; Stahl 1500...1600 °C.
5   Absenken des C-Gehaltes. Entfernen der Elemente P und S so weit wie möglich und Temperatursteigerung um etwa 300 °C.
6   a) Frischen,
    b) Oxidation,
    c) Sauerstoff.

Verfahren	Mittel	Ziele, Verbesserung
Desoxidation Entstickung Entphosphorung Entschwefelung	Einblasen von Reduktionsmitteln mit Tauchlanzen: Al, Ca, Mg, Ti und Legierungen	Erhöhung des Reinheitsgrades dadurch niedrigste Gehalte an nichtmetallischen Teilchen
Entgasen	Erschmelzen und Vergießen unter Vakuum	Senkung der Gasgehalte und des C-Gehaltes
Legieren	Zugabe von LE unter Vakuum oder Schutzgas	Geringere LE-Verluste, treffsichere Analysen
Heizen	Lichtbogenheizung oder Al-Verbrennung	Einstellen der optimalen Gießtemperatur für das Stranggießen

8   Durch Umschmelzen werden Gasgehalte gesenkt und der Reinheitsgrad nochmals erhöht, dadurch wird die Anisotropie herabgesetzt, d. h. die Eigenschaften von Querproben nähern sich stark denen der Längsproben.

© Springer Fachmedien Wiesbaden 2016
W. Weißbach und M. Dahms, *Aufgabensammlung Werkstoffkunde*,
DOI 10.1007/978-3-658-14474-6_18

9   a) auf die Bewegung der Badoberfläche in der Kokille. Die aufsteigenden Gasblasen
        lassen den Stahl „kochen".
    b) $(Fe)O + C \rightarrow CO \uparrow$.
    c) abnehmende Löslichkeit von C und O in Stahl mit fallender Temperatur.

10 Die Elemente binden den Sauerstoff, sodass kein CO entstehen kann.

11 Alle Stahlgusssorten, Qualitäts- und Edelstähle. C-reiche Stähle, die nicht stark
    warmumgeformt werden dürfen (Rissgefahr).

12 Durch Aluminiumzugabe wird der Stahl nicht nur beruhigt, sondern es wird auch
    Stickstoff abgebunden, sodass die Al-beruhigten Stähle alterungsbeständig sind.

4.1.6 Eisenbegleiter und Wirkung auf Gefüge und Stahleigenschaften

1   Mn, Si, P, S, O, N, H.

2   P: Verhüttung von P-haltigen Erzen und Zuschlägen (Kalkstein).
    S: Verhüttung sulfidischer Erze sowie durch Koks, Erdöl oder Brenngase.
    O: Frischvorgang bei der Stahlerschmelzung.
    N: Stahlerschmelzung aus der Luft; Elektro-Lichtbogen-Verfahren durch Bildung
         von Stickoxiden bei hohen Temperaturen.
    H: Stahlerschmelzung mit feuchtem Einsatz und Zuschlägen sowie wenig getrock-
         neten Ausmauerungen der Öfen und Pfannen. Brenngase enthalten Wasser-
         dampf.
    Si: Quarzhaltige Gangart der Erze bei der Verhüttung und durch Ferrolegierungen
         zur Desoxidation oder zum Erreichen der stabilen Erstarrung.
    Mn: Verhüttung von Mn-haltigen Erzen, durch Ferrolegierungen zur Desoxidation.

3   Längere Behandlungszeiten ergeben kleineren Ausstoß bei höherem Aufwand an
    Energie und Zuschlagstoffen: geringere Wirtschaftlichkeit.

4   Als Silicatschlacke (hart, spröde) und als Mischkristallbildner im Ferrit (Silicoferrit).
    Die Kaltformbarkeit wird verschlechtert: Schlackenteilchen wirken verschleißend auf
    Werkzeug; schlechte Oberfläche. Größerer Kraftbedarf bei geringerer Verformbar-
    keit.
    Warmumformung mit Gefahr der Randentkohlung. Beim Schweißen verbrennt das
    gelöste Si und bildet zähflüssige Schlackenhäute → Bindefehler und Schlackenein-
    schlüsse.
    Si schnürt das γ-Gebiet des EKD ab: umwandlungsfreie ferritische Stähle. Nach
    Kornvergröberung ist kein Normalisieren möglich.

5   Si erhöht den elektrischen Widerstand und verringert dadurch die Ummagnetisie-
    rungs- und Wirbelstromverluste. Si stabilisiert Ferrit und ermöglicht dadurch Grob-
    kornglühungen ohne kornfeinende Phasenumwandlung bei der Abkühlung.

6   Der Stahl muss Schweißeignung besitzen; das erfordert niedrige C-Gehalte (unter
    0,2 %) Die Festigkeit wird durch Mischkristallbildung mit Mn erzielt.

7   Die Manganverbindungen werden zu mikroskopischen Bändern ausgewalzt, die eine Faserstruktur des gewalzten Halbzeuges hervorrufen. Eigenschaften in Längs- und Querrichtung sind dann unterschiedlich; Querproben haben geringere Werte, besonders bei den Verformungskennwerten.

8   Ja.

9   P erhöht Festigkeit und Korrosionsbeständigkeit, verringert stark die Kerbschlagzähigkeit und Kaltumformbarkeit. Alle Werkstoffe müssen ausreichende Zähigkeit besitzen; deshalb werden P-Gehalte so klein wie wirtschaftlich möglich gehalten.

10   a) S ist dann chemisch an Fe als Eisensulfid FeS (Sulfidschlacke) gebunden und durch Seigerungen an Korngrenzen abgelagert.

     b) Bei hohen Schmiedetemperaturen ist FeS flüssig und führt beim Verformen zu Heißbruch; bei etwas niedrigeren Temperaturen ist es spröde und ergibt Rotbruch.

11   Bei Anwesenheit von Mn bindet sich Schwefel nicht an Fe, sondern an Mn auf Grund höherer Affinität. MnS bildet hochschmelzende, feinverteilte Kristalle, die keinen Rotbruch ergeben, da sie bei erhöhter Temperatur verformbar sind.

12   Die Fertigung auf Automaten muss mit kurzbrechendem Span erfolgen. Die feinverteilten Sulfideinschlüsse führen zur Spanunterbrechung.

13   Durch Desoxidation mit Silizium, Mangan oder Aluminium.

14   Unerwünschte langsame Änderung der Eigenschaften, im Regelfall Streckgrenzenerhöhung und Zähigkeitserniedrigung, überwiegend durch Ausscheidungen von Eisennitrid im Laufe längerer Zeit.

15   Festigkeit und Härte nehmen zu, Bruchdehnung und Zähigkeit nehmen stark ab.

16   a) Ferrit hat ein mit der Temperatur abnehmendes Lösungsvermögen für Stickstoff. Dadurch entstehen bereits bei normaler Abkühlung übersättigte Mischkristalle. Im Laufe der Zeit bilden die N-Atome mit Eisenatomen Eisennitride und wirken dort als Versetzungshindernisse,

     b) durch Kaltverformung und Erwärmung.

17   Durch die Schweißwärme können die kaltgeformten Bleche schnell altern; dadurch wird die Verformbarkeit verringert. Auftretende Schrumpfspannungen können nur begrenzt abgebaut werden. Es besteht die Gefahr von Sprödbrüchen.

18   Sauerstoff-Aufblasverfahren (LD- und LDAC-Verfahren).

19   a) zuerst als übersättigter Mischkristall, nach Ausscheidung als kleiner linsenförmiger Hohlraum, Flockenriss.

     b) Kerbschlagzähigkeit.

     c) Verwendung von trockenem Einsatzmaterial für das Stahlgewinnungsverfahren. Behandlung der abgestochenen Stahlschmelzen mit Vakuum oder Erschmelzung unter Vakuum.

20   Schweißen mit feuchten Elektroden oder in feuchter Umgebung. Es kann dadurch zur massiven Wasserstoffaufnahme ins Schweißgut kommen.

4.1.7 Einfluss der Legierungselemente

1   Höhere Beanspruchungen (Spannungen), wenn bei Leichtbauweise kleine Quer-
     schnitte angestrebt werden; Temperaturen über 200 °C oder unter −40 °C;
     Korrosionsangriff durch Industrieluft, Meerwasser oder aggressive Chemikalien;
     Verschleiß durch Erze, Gestein an Förderanlagen oder durch die Bearbeitung von
     Werkstoffen in Werkzeugen.

2   Festigkeiten, besonders auch bei höheren Temperaturen; Kerbschlagzähigkeit, beson-
     ders bei tiefen Temperaturen; Schweißeignung, Härtbarkeit, Verformbarkeit, Korro-
     sionsbeständigkeit.

3   Die gelösten LE erhöhen die geringe Festigkeit des Ferrits durch Mischkristallverfes-
     tigung. Die Verformbarkeit wird dabei nur geringfügig erniedrigt.

4   a) Mo, V, W, Cr, Ti, Ta, Nb.

     b) Es bilden sich intermetallische Phasen aus Metall-Kohlenstoff, sie heißen Kar-
        bide. Mischkarbide setzen sich aus zwei oder mehr Metallen mit Kohlenstoff
        zusammen.

     c) Gitter mit komplexer Elementarzelle und starken kovalenten Bindungsanteilen,
        damit ohne Gleitmöglichkeiten. Sie sind hart und spröde.

5   Für Werkzeugstähle aller Arten. Als harte Gefügebestandteile ergeben sie höhere Ver-
     schleißfestigkeit, d. h. höhere Standzeiten bzw. Standmengen.

6   Bei hohem C-Gehalt muss auch der Gehalt an diesen LE hoch sein, damit ein Teil da-
     von für die Verfestigung des Ferrits übrig bleibt. Beispiel: Kaltarbeitsstahl X210Cr12
     mit 2,1 % C und 12 % Cr.

7   a) Mn, Ni, Co, N, Zn, C.

     b)

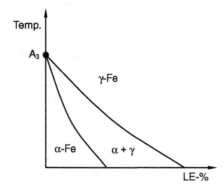

     c) Es ergeben sich Stähle, die bei Raumtemperatur noch das kubisch-flächenzentrier-
        te Gitter (Austenit) besitzen und deshalb austenitische Stähle genannt werden:
        sehr hohe Verformbarkeit, niedrige 0,2-%-Dehngrenze, keine Streckgrenze, stark
        kaltverfestigend, nicht ferromagnetisch („unmagnetisch"), korrosionsbeständig,
        kaltzäh.

d) Durch Abschrecken der Stähle aus Temperaturen, bei denen sie rein austenitisch sind (Austenitgebiet des jeweiligen Zustandsschaubildes). Es entsteht ein unterkühlter, damit metastabiler Austenit, der beim Wiedererwärmen dem stabilen Gefügezustand zustrebt.

e) Die austenitischen Stähle haben ihren Gefügezustand durch Abschrecken aus dem Austenitgebiet erhalten (sie müssten sonst viel höher legiert sein, was aus Kostengründen meist vermieden wird). Dadurch sind sie metastabil. Bei Kaltumformung bildet sich teilweise Martensit durch die γ-α-Umwandlung ohne Diffusion der C-Atome, die ähnlich wie Verformung durch Zwillingsbildung abläuft. Das führt zu starker Behinderung der Versetzungsbewegung.

8   a) Cr, Si, Mo, V, Ti, W, Al.

    b)

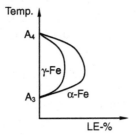

c) Es ergeben sich Stähle, die bei der Erstarrung kubisch-raumzentriert kristallisieren (ferritisch) und dieses Gefüge ohne Umwandlung bis Raumtemperatur behalten und deshalb ferritische Stähle genannt werden; geringer verformbar; geringe Warmfestigkeit, z. T. zunderbeständig; korrosionsbeständig; ferromagnetisch, teilweise mit besonderen magnetischen Eigenschaften; kaltspröde.

d)

Gefüge	C %	Cr %	Korr.-best.		Härtbar	
			Ja	Nein	Ja	Nein
Ferritisch	<0,1	Hoch	×			×
Ledeburitisch	≈ 2	Hoch		×	×	
Unter- bis übereutektoid	0,2–1	Hoch	×		×	
Untereutektoid	<0,5	Niedrig		×	×	
Übereutektoid	<1,5	Niedrig		×	×	

9   Nickel: zur Herstellung des austenitischen Gefüges, Chrom: zur Reduktion des notwendigen Nickelgehaltes und zum Erreichen der Korrosionsbeständigkeit.

10 Chrom.

11 Karbidbildner verlangsamen grundsätzlich die diffusionsgesteuerte Ferrit- und Perlitbildung, in schwächerem Maße die Bainitbildung. Deswegen sinkt grundsätzlich mit steigendem Gehalt an Karbidbildnern die obere kritische Abkühlgeschwindigkeit. Die Stähle können langsamer abgeschreckt werden und härten tiefer ein.

12

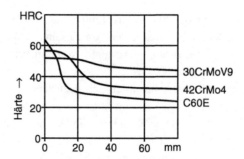

Je höher der Kohlenstoffgehalt ist, desto höher ist die Härte an der Stirnfläche. Je höher der Gehalt an Legierungselementen (Karbidbildner) ist, desto langsamer fällt die Härte ab und desto größer ist die Härte im weiten Abstand von der Stirnfläche.

13 Diese so genannte Sekundärhärte ist auf die Ausscheidung von Sonderkarbiden zurückzuführen (Aushärtungseffekt), die sich bei tieferen Temperaturen nicht bilden können.

14 $CEV = \%C + \frac{\%Mn}{6} + \frac{\%Cr + \%Mo + \%V}{5} + \frac{\%Ni + \%Cu}{15}$.

Mit dem CEV kann man die Neigung zum Aufhärten beim Schweißen abschätzen. Für problemlose Schweißeignung ist ein CEV $< 0,45\,\%$ erforderlich.

4.1.8 Einteilung der Stähle

1 Dadurch, dass es mindestens eine Temperatur gibt, bei der er schmiedbar ist. Im Regelfall ist das mit Austenitisierung verbunden, und dadurch sind reine Kohlenstoffstähle auf maximal 2 % C (praktisch 1,7 % C) begrenzt.

2 Qualitätsstähle und Edelstähle.

3 Besonders niedrige Gehalte an nichtmetallischen Einflüssen, hohe Kerbschlagarbeit bei tiefen Temperaturen und gleichmäßigeres Ansprechen auf Wärmebehandlungen, z. B. Einhärtetiefe beim Randschichthärten. Dies wird durch besondere chemische Homogenität und Freiheit von nichtmetallischen Verunreinigungen erreicht.

4 Nein, unlegierte Stähle dürfen viele Legierungselemente bis zu bestimmten Grenzwerten enthalten, z. B. 0,3 % Cr; 1,65 % Mn oder 0,5 % Si.

5 **C15**, unlegierter Stahl: Name beginnt mit „C", **42CrMo4**, niedriglegierter Stahl: Name beginnt mit einer Zahl; **X20CrMoV12-1**, hochlegierter Stahl: Name beginnt mit „X".

4.2 Stähle für allgemeine Verwendung

1 **S**: Stahl für den allgemeinen Stahlbau (Baustahl), **E**: Maschinenbaustahl.

2 a) Nach der Mindeststreckgrenze in N/mm² bezogen auf eine Erzeugnisdicke von ≤ 16 mm. 4 Festigkeitsstufen von S185 bis S355 für den Stahlbau und 3 Stufen von E295 bis E360 für den Maschinenbau.

b) Eignung zur Kaltumformung, z. B. Abkanten von Blechen und Schweißeignung.

c) Perlitanteil wird erhöht, Mischkristallverfestigung durch die geringen Gehalte an Legierungselementen und Kornfeinung durch die Verfahren der Sekundärmetallurgie.

d) Die angehängten Symbole nach der Streckgrenzenangabe 355 beziehen sich auf die gewährleistete Kerbschlagbarkeit, wobei **J** einen Wert von 27 J und **K** einen Wert von 40 J, **R** Raumtemperatur, **0** Null Grad und die **2** minus 20 °C bedeuten. Mit den Symbolen wird eine steigende Sicherheit gegen Sprödbruch angezeigt.

4.3 Baustähle höherer Festigkeit

1 a) Streckgrenzen von 275 bis 460 N/mm^2.

   b) N bedeutet normalisierend gewalzt, M thermomechanisch behandelt. Letztere haben etwas kleinere Gehalte an C und kleinere Korngrößen. Dadurch liegen bei gleicher Festigkeit die CEV-Werte (Kohlenstoffäquivalent) niedriger, was eine höhere Schweißeignung zur Folge hat.

   c) Streckgrenzen von 460 bis 960 N/mm^2.

   d) *konstruktiv:* kleinere Blechdicken, Leichtbau; *fertigungstechnisch:* kleineres Schweißnahtvolumen, Schweißzeit und -energie; Vorwärmung kann entfallen.

2 Durch langanhaltende Wärmezufuhr beim Schweißen können die Stähle in der Wärmeeinflusszone vergröbern. ⇒ Zähigkeitsabnahme. Abhilfe: Wärmeeintrag minimieren durch hohe Schweißgeschwindigkeiten, niedrige Schweißstromstärke, niedrige Drahtdurchmesser.

4.4 Stähle mit besonderen Eigenschaften

1 Nur für Industrieklimate, nicht für chloridhaltige Luft, also nicht in Meeresnähe. Durch Zugabe von Cr, Cu und Ni.

2 a) Schweißeignung und Zähigkeit bei tiefen Temperaturen.

   b) Zähigkeit bei tiefen Temperaturen, damit bei evtl. Verformungen keine Sprödbrüche auftreten.

   c) Analyse: niedriger C-Gehalt und hoher Reinheitsgrad, Feinkorn durch thermomechanische Behandlung, Legieren mit Ni und Vergütung.

3 a) Chrom (Cr) und Nickel (Ni).

   b) Ni ist Austenitstabilisator, Cr senkt den zur Austenitbildung notwendigen Ni-Gehalt und macht den Stahl korrosionsbeständig.

4 a) Bildung von Cr-Karbid bei ungünstiger Wärmebehandlung (z. B. Schweißen) ⇒ Verlust der Korrosionsbeständigkeit (interkristalline Korrosion).

   b) Abbinden des Kohlenstoffes durch z. B. Ti; Lösungsglühen und Abschrecken.

5 Kriechbeständigkeit (hohe Zeitstandfestigkeit, Zeitdehngrenze).

6 Durch Mischkristallverfestigung und thermisch stabile feinstverteilte Carbide, über 600 °C durch Verwendung austenitischer Stähle.
7 Widerstand gegen Zunderbildung, Oxide sollen nicht abplatzen, sondern fest haften.

4.5 bis 4.7 Weitere Stahlgruppen

1 Durch Legieren mit Schwefel (0,15–0,4 %), evtl. Blei (0,15–0,35 %). Die Sulfide wirken spanbrechend.
2 a) Flacherzeugnisse sind: kaltgewalzte Feinstbleche unter 0,5 mm und Feinbleche von 0,5…3 mm; warmgewalztes Grobblech über 3 mm.
   b) geringer C-Gehalt, hoher Reinheitsgrad und feinkörniges Gefüge durch geregelte Temperaturführung bei der Herstellung (Walzen, Haspeln und Glühen).
   c) niedrigliegende Streckgrenze bzw. 0,2-Dehngrenze, stetige Kennlinie bis zum Maximum mit großer Gleichmaßdehnung und hohe Bruchdehnung insgesamt.
   d) Der Verfestigungsexponent steigt mit der Gleichmaßdehnung und bewertet die Kaltverfestigung beim Ziehen, je höher n ist, desto stärker die Verfestigung.
   e) durch eine Zipfelbildung beim Ziehen von Näpfen.
   f) Wegfall von Versteifungen ergibt weniger Teile, Abfall und Fertigungsgänge bei kleinerer Masse der Teile.
3 a) Hohe Härte und Dauerfestigkeit.
   b) hoher C-Gehalt (ca. 1 %), Cr für die Durchhärtung, hohe Reinheit (Edelstahl) zur Vermeidung von Ermüdungsrissbildung.
4 a) Hohe Streckgrenze.
   b) Vergüten mit niedriger Anlasstemperatur.
5 a) Hohe Festigkeit bei erhöhter Temperatur.
   b) Mo- und V-legierte Stähle verwenden; Vergüten.
6 a) HS6-5-2.
   b) HS: Schnellarbeitsstahl, Nenngehalte: 6 % W, 5 % Mo, 2 % V, kein Cobalt.
   c) Anwendungen, wo Härte bei hoher Temperatur erforderlich ist (Schneidwerkzeuge).

4.8 Stahlguss

1 Nach dem Elektrostahlverfahren im Lichtbogenofen (kleine Massen).
2 Gussteile müssen gasblasenfrei vergossen werden, da sie nicht weiterverformt werden, wobei Gasblasen erst geschlossen würden.
3 Normalisieren – Spannungsarmglühen. Rohguss hat grobnadeliges Primärgefüge (Widmannstätten'sches Gefüge) mit geringer Kerbschlagzähigkeit.

4	Eigenschaft	Auswirkung
	Hohe Schmelztemperatur	Hohe Energie- und Formstoffkosten, Verschleiß der feuerfesten Ausmauerungen
	Schwindmaß 2 %	Starke Lunkerneigung erfordert große Eingusstrichter und Steiger → geringes Ausbringen

5 Warmfester Stahlguss, nicht rostender Stahlguss, hitzebeständiger Stahlguss, Vergütungsstahlguss, Stahlguss für Flamm- und Induktionshärtung, kaltzäher Stahlguss.

6 Wenn bei hoher Festigkeit auch Zähigkeit erforderlich sind (stoßbelastete Teile) oder bei Temperaturen über 300 °C (Heißdampfarmaturen) und gleichzeitig die Form zu kompliziert zum Schmieden bzw. spanabhebende Bearbeitung zu teuer ist.

5 Wärmehandlung der Stähle

5.1 Allgemeines

1   Der Werkstoff soll ein gewünschtes Eigenschaftsprofil erhalten, eine Formänderung ist im Regelfall unerwünscht.

2   a) Thermische Verfahren,
   b) Thermo-chemische Verfahren,
   c) Thermo-mechanische Verfahren,
   d) Mechanische Verfahren.

3   Erwärmen, Halten und Abkühlen des Werkstückes nach bestimmten Temperatur-Zeit-Verläufen.

4   Chemische Veränderung der Randzone. Glühen der Teile in Feststoffen, Salzschmelzen und Gasen.

5   Plastische Verformung im Laufe der Abkühlung vor oder während der γ-α-Umwandlung bzw. der Rekristallisation.

6   Lokale plastische Verformung zur Verfestigung (Kugelstrahlen, Festwalzen).

7   Bei Erwärmung eilt die Randzone vor. Bei der Abkühlung hält der Kern die Wärme länger.

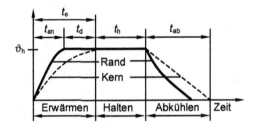

t_e: Erwärmzeit, Werkstück wird durchgehend auf ϑ_h erwärmt, besteht aus:

t_{an}:   Anwärmzeit, Randzone erreicht ϑ_h,

© Springer Fachmedien Wiesbaden 2016
W. Weißbach und M. Dahms, *Aufgabensammlung Werkstoffkunde*,
DOI 10.1007/978-3-658-14474-6_19

t_d: Durchwärmzeit, Kernzone erreicht ϑ_h,
t_h: Haltezeit, Gefüge wird homogenisiert,
t_{ab}: Abkühlzeit, je nach Verfahren.

8   a) Die temperatur- und gitterabhängige Löslichkeit des Eisens an Kohlenstoff,
    b) die α-γ-Umwandlung des Eisens.

9   Die Buchstaben bezeichnen bestimmte Umwandlungen, die bei den jeweiligen Verfahren ausgenutzt werden. Je nach C-Gehalt (und LE) und Erwärm- und Abkühlgeschwindigkeit finden diese Umwandlungen bei höheren oder tieferen Temperaturen statt.

10 Herstellung eines homogenen, feinkörnigen γ-MK-Gefüges in Stählen durch die Umwandlung des Ferrits und Auflösung der Karbide (Perlitauflösung).

11 Aus ZTA-Diagrammen kann man ablesen, wie lang man einen Stahl bei einer bestimmten Temperatur halten muss bzw. wie langsam man auf eine bestimmte Temperatur aufheizen muss, damit er vollständig austenitisiert ist, bzw. damit die Karbide alle aufgelöst sind. Außerdem wird die Austenitkorngröße mit angegeben. Das Zustandsdiagramm gibt dagegen nur die Mindestaustenitisierungstemperatur bei unendlich langer Haltezeit an.

12 a) Isotherme Erwärmung: Erwärmung des Werkstückes bei konstanter Ofentemperatur, z. B. im Salzbad.
    b) kontinuierliche Erwärmung: Erwärmung bei fortlaufender Temperaturänderung, z. B. durch Induktiv-Erwärmung, bei der die Temperatur ansteigt.

13 Bei höherer Austenitisierungstemperatur sinkt die notwendige Austenitisierungszeit, da die Diffusionsprozesse, die die Austenitisierung steuern (im Wesentlichen Konzentrationsausgleich des Kohlenstoffs und der anderen Legierungselemente), mit höherer Temperatur schneller ablaufen. Die Austenitisierungszeit sollte so kurz wie möglich, aber so lang wie nötig gewählt werden, damit keine Kornvergrößerung des Austenits einsetzt, was nach der Abkühlung zu einer niedrigeren Zähigkeit des Stahles führen würde.

5.2 Glühverfahren

1   Die Solidus-Temperatur, da Bauteil oder Halbzeug nicht anschmelzen darf.

5.2.1 Normalglühen

1   Der Stahl soll ein normales Gefüge, d. h. feinkörniges Gefüge mit rundlichen Körnern annähernd gleicher Größe erhalten. Diese Gefüge ist das Referenz-Gefüge, mit dem andere Gefüge verglichen werden, da es sich durch einen sehr einfachen Wärmebehandlungsprozess herstellen lässt und in vielen Fällen zufriedenstellende Festigkeit

und Zähigkeit liefert. Es dient auch zur Herstellung eines Gefügezustandes mit Eigenschaften, welche die mechanische Bearbeitung erleichtern, z. B. Spanen oder Umformen.

2 a) (1) Dicht oberhalb Ac_3. Eine vollständige Umkörnung ist nur möglich, wenn das ferritisch-perlitische Gefüge vollständig in Austenit umwandelt.

(2) Dicht oberhalb Ac_1. Eine vollständige Austenitisierung ist nicht zweckmäßig (Überhitzungsgefahr, Bildung von grobem Sekundärzementit auf den Austenitkorngrenzen); deswegen nur Umwandlung des ursprünglichen Perlitanteils.

   b) (1) und (2) Haltezeit nur so lang, bis auch der Kern der Werkstücke in Austenit umgewandelt ist und sich die Karbide aufgelöst haben; um neue Grobkornbildung zu vermeiden.

   c) (1) und (2) zunächst schnell bis unter Ar_1, damit der Austenit feinkörnig in Perlit umwandelt, danach langsam, um Aufhärtung zu vermeiden.

   d)

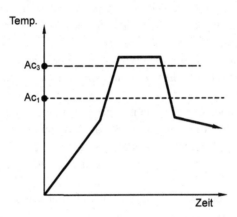

3 Bei *überzeiteten* und *überhitzten* Stählen, z. B. Guss-, Schmiede- und Schweißteile; Bauteile mit ungleichmäßigem Gefüge, z. B. Schweißteile; Teile, die einem Diffusionsprozess unterworfen wurden; kaltverformte Teile mit kritischem Verformungsgrad.

4

Eigenschaftsänderung	Schwache	Mittlere	Starke
Festigkeit	×		
Bruchdehnung		×	
Kerbschlagzähigkeit			×

5.2.2 Glühen auf beste Verarbeitungseigenschaften

Grobkornglühen

1 Erleichterung der Zerspanbarkeit (Kurzspan, keine Aufbauschneide, dadurch höhere Oberflächengüte), da grobkörniger Werkstoff spröder ist als feinkörniger.

2 a) Werkstoff wird etwa 150 °C über Ac_3 erwärmt.

   b) mehrere Stunden, im Allgemeinen 2 h.

      Im homogenen Austenit tritt Kornwachstum auf. Aus diesem Grunde muss ober-
halb Ac_3 geglüht werden und genügend Zeit zur Verfügung stehen. Eine zweite
Phase (Verunreinigungen, Karbide, Nitride) auf den Korngrenzen behindert das
Kornwachstum. Stähle, die ständig bei hohen Temperaturen eingesetzt werden
(warmfeste und hitzebeständige Stähle), müssen derartig aufgebaute Gefüge besitzen.

3 Bei un- und niedriglegierten Einsatzstählen, bei Si-legierten Dynamoblechen werden
durch Grobkorn die Ummagnetisierungsverluste verringert: höherer Wirkungsgrad.

Weichglühen

1 Kohlenstoffarmer Stahl soll niedrigste Härte bei hoher Bruchdehnung erhalten (Vorbe-
reitung für Kaltumformung); kohlenstoffreicher Stahl (insbesondere Werkzeugstahl)
soll dadurch wirtschaftlich zerspanbar werden.

2 a) (1) dicht unterhalb Ac_1; bei Wiedererwärmung zerfällt der Streifenzementit im
Perlit auf Grund einer Erniedrigung der Oberflächenenergie in annähernd kugelförmige Körner.

      (2) Pendelglühen um Ac_1, die mehrfache Perlit-Austenit-Umwandlung erleichtert
die Einformung des Korngrenzen-Sekundärzementits. Infolge der kurzen Haltezeiten über Ac_1 geht der Streifenzementit nicht vollständig im Austenit in Lösung. Die
Kristallreste wirken als Keime und führen zur feinkörnigen, kugeligen Zementitausbildung.

   b) mehrere Stunden, etwa 2 . . . 4, je nach Größe der Teile.

   c)

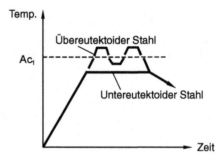

5.2.3 Spannungsarmglühen

1 a) Eigenspannungen entstehen grundsätzlich durch inhomogene elastische Verformungen in Bauteilen, die insgesamt ausbalanciert sind. Grund für inhomogene
Verformungen können sein: ungleichmäßige Temperaturverteilungen (insbeson-
de-

re beim Abkühlen: Schrumpfspannungen), ungleichmäßige plastische Verformung, ungleichmäßige Umwandlungen.

Schrumpfspannungen entstehen durch behinderte Schrumpfung, wenn bei der Abkühlung außen liegende oder dünnwandige Bereiche des Werkstücks wesentlich niedrigere Temperaturen besitzen als Kernzonen oder dickwandige Querschnitte. Zuletzt schrumpfende Bereiche werden dadurch unter Zugspannungen gesetzt, die im Gleichgewicht mit den Druckspannungen der anderen Bereiche stehen.

Eigenspannungen entstehen auch durch Kaltumformung. Die Kristallite werden dabei nicht gleichmäßig stark verformt. Der elastische Anteil der Verformung geht zurück, wenn die Bearbeitungskräfte verschwinden. Verschieden stark plastisch verformte Bereich federn dabei verschieden stark zurück.

Umwandlungsspannungen entstehen bei Gefügeänderungen im festen Zustand, wenn sie in einem Querschnitt nicht gleichzeitig oder anisotrop stattfinden.

b) Nein, Eigenspannungen werden nur bis auf den Betrag der Kriechdehngrenze (vereinfacht: Warmfließgrenze) bei Glühtemperatur abgebaut.

c) Nach Bild a). Die obere, von Zugspannungen durchsetzte, Faser ist durchgetrennt. Es überwiegen die Zugspannungen in der unteren Faser, die zu einer Verkürzung auf der Unterseite und damit zu einer Streckung auf der Oberseite führen.

2 a) Unterhalb Ac_1 im Bereich von 550...650 °C. Es soll keine Gefügeumwandlung eintreten, sondern nur eine Abnahme der Kriechdehngrenze (Fließgrenze) durch die Wärmeschwingungen der Atome. Dann liegen die Eigenspannungen über dem Verformungswiderstand des Werkstoffs und bewirken kleine plastische Formänderungen des Bauteils.

b) typischerweise einige Stunden.

c) langsam, damit keine Temperaturunterschiede im Werkstück auftreten, die Ursache für neue Eigenspannungen wären.

3 Schmiede- und Gussteile vor der spanenden Weiterbearbeitung, Schweißteile, Teile mit engen Toleranzen nach der Schruppbearbeitung.

4 Ja, die Grundprinzipien der Eigenspannungsentstehung und des Eigenspannungsabbaus gelten für jeden metallischen Werkstoff.

5.2.4 Diffusionsglühen

1 Lösliche Bestandteile sollen möglichst gleichmäßig im Gefüge verteilt werden, um einen homogenen Werkstoff zu erzeugen. Ausgleich von Kristallseigerungen (teilweise auch Blockseigerungen) und Inhomogenitäten.

2 a) So dicht wie möglich unter der Solidus-Linie, etwa 1000...1300 °C, damit der Homogenisierungsprozess in der Glühzeit möglichst weit voranschreitet. Die gleichmäßige Verteilung der Elemente geschieht durch Diffusion. Mit steigender Temperatur wächst die Diffusionsgeschwindigkeit, dadurch wird weniger Zeit dafür benötigt.

b) Aus wirtschaftlichen Gründen längstens 40 h.

c) starke Grobkornbildung durch Überhitzen und Überzeiten, Randentkohlung durch den Sauerstoff der Ofenatmosphäre.

d) Grobkornbildung wird durch Normalglühen beseitigt, Randentkohlung durch Glühen in Schutzgas oder Einpacken in Grauguss- oder Stahlspäne verhindert.

3   Bei Automatenstählen mit erhöhtem S-Gehalt, bei legierten Stählen zur Verteilung hochschmelzender Primärkristalle, bei überkohlten Stählen (Verteilungsglühen).

4   Ja, das Grundprinzip der Homogenisierung bei Glühbehandlung knapp unter der Soliduslinie gilt für jeden metallischen Werkstoff.

5.2.5 Rekristallisationsglühen

1   Die plastische Verformbarkeit soll auf ihren Ursprungswert erhöht werden. Dabei wird die Kaltverfestigung aufgehoben, welche durch Kaltumformverfahren im Werkstoff entstanden ist.

2   (1)   Eine Kaltumformung, die einen Verformungsgrad von etwa 5...10 % überschritten haben muss.

(2)   eine Erwärmung auf Temperaturen über der Rekristallisationsschwelle.

3   Die Rekristallisationsschwelle liegt bei 0,4 bis 0,5 der absoluten Schmelztemperatur.

4   Im Bereich von 550...650 °C. Steigende Verformungsgrade vermindern die erforderliche Glühtemperatur, LE erhöhen im Allgemeinen die Rekristallisationsschwelle und damit die Glühtemperaturen.

5   a)   Rekristallisationsschaubild, Korngröße als Funktion der Glühtemperatur und des Verformungsgrades.

b)   Das Rekristallisationsgefüge ist grobkörnig, wenn die vorangegangene Kaltverformung nur gering oder die Glühtemperatur zu hoch und die Glühzeit zu lang war.

c)

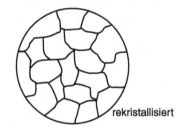

kaltverformt   rekristallisiert

6   Kaltgeformte Fertigteile und Halbzeuge wie z. B. Feinblech, Draht, Präzisionsstahlrohr, deren Fließfähigkeit vor dem Erreichen der Endabmessung durch die Kaltverfestigung erschöpft ist (Zwischenglühen).

7   Ja, das Grundprinzip der Rekristallisation nach Kaltverformung gilt für jeden metallischen Werkstoff.

5.3 Härten und Vergüten

5.3.1 Allgemeines

1 Härten: Vorwiegend Werkzeugstähle sollen hohe Härte erhalten.
  Vergüten: Viele Stähle sollen gleichzeitig hohe Festigkeit und Zähigkeit erhalten.
2 Da die Perlitbildung diffusionsgesteuert ist, benötigt sie Zeit und zwar umso mehr, je niedriger die Temperatur ist. Bei steigender Abkühlungsgeschwindigkeit wird deshalb irgendwann die Perlitbildung unmöglich, da selbst die Diffusionsmöglichkeit des sehr beweglichen Kohlenstoffs praktisch nicht mehr vorhanden ist.

5.3.2 Austenitzerfall

1 Die Kohlenstoffatome können nur noch kleinste Wege zurücklegen, dadurch nimmt der Anteil des fast kohlenstofffreien Ferrits ab, und der Perlit wird immer feinstreifiger. Immer größere Abkühlgeschwindigkeiten führen irgendwann zur diffusionslosen γ-α-Umwandlung: Martensitbildung.

2

Austenit zerfällt bei Abkühlung durch:				
	Ofen	Luft	Bleibad	Wasser
Austenit 0,4 %C	Ferrit + Perlit	wenig Ferrit + Perlit	Dichtstreifiger Perlit	Martensit

3 Ein möglichst reines Martensitgefüge, ohne Ferrit, Perlit und Bainit.
4 a) Es ist die Abkühlungsgeschwindigkeit, die im Werkstück überschritten werden muss, um die Bildung von Ferrit, Perlit oder Bainit zu verhindern.
  b) Keine vollständige Martensitbildung; im Gefüge entstehen Flecken, die Bainit, Perlit oder Ferrit enthalten (Weichfleckigkeit).

5.3.3 Martensit, Struktur und Bedingungen für die Entstehung

1 a) Martensit ist mit C-Atomen übersättigter Ferrit und dadurch stark (tetragonal) verzerrt.
  b) Infolge der Gitterverzerrung, Mischkristallverfestigung, aber auch Verfestigung durch Korngrenzen und hohe Versetzungsdichte sinkt die Versetzungsbeweglichkeit rapide bis zur Unbeweglichkeit. Entsprechend steigt die Wahrscheinlichkeit für Trennungsbruch.

c) Je mehr das Gitter verzerrt ist (Mischkristallverfestigung), desto größer ist die Härte. Deshalb steigt sie mit dem C-Gehalt an.

2   Er besteht als unterkühlter Austenit weiter bis zu dem Startpunkt der Martensitbildung, M_S.

3   Der C-Gehalt des Stahles. Mit steigenden C-Gehalten wird M_S nach tieferen Temperaturen verschoben. Da bei der Martensitbildung u. a. Verformungsprozesse eine Rolle spielen, und gelöster Kohlenstoff die Verformungsprozesse behindert, ist mit steigendem C-Gehalt eine immer größere Unterkühlung notwendig, um die Umwandlungsbehinderung zu überwinden.

4   Nein, sie erfolgt im Temperaturbereich zwischen dem Startpunkt M_S und dem Endpunkt der Martensitbildung M_f. Durch die Volumen- und Formänderung bei der Martensitbildung wird ein Bauteil bei der Martensitbildung verzerrt. Die resultierende Verzerrungsenergie muss durch weitere Temperaturabsenkung überwunden werden.

5   a) Keine vollständige Martensitbildung. Das Gefüge enthält Restaustenit.

    b) geringere Gesamthärte.

6   Durch Tieftemperaturbehandlung (z. B. Abkühlen in Flüssigstickstoff) unmittelbar nach dem Abschrecken auf Raumtemperatur.

5.3.4 Härtbarkeit der Stähle

1   Die niedrige Wärmeleitfähigkeit des Stahls.

2   Eigenschaft eines Stahls, beim Abschrecken Härte anzunehmen.

    a) Aufhärtbarkeit (Aufhärtung), größte am Rand erreichbare Härte, (fast) nur vom C-Gehalt abhängig. Je höher der C-Gehalt, desto größer die maximal erreichbare Härte.

    b) Einhärtbarkeit (Einhärtung) Tiefe, bis zu der sich beim Abschrecken Martensit bildet bzw. noch eine definierte Härte erreicht wird.

3   Die obere kritische Abkühlgeschwindigkeit zur Martensitbildung ist als Werkstoffkenngröße für Rand und Kern gleich. Die wirkliche Abkühlgeschwindigkeit nimmt vom Rand zum Kern hin ab. Reiner Martensit entsteht nur in der Werkstoffschicht, in der die wirkliche Abkühlungsgeschwindigkeit oberhalb der oberen kritischen ist. Weiter im Inneren entstehen die anderen Umwandlungsgefüge des Austenits.

4   a) Chemische Zusammensetzung: Karbidbildner senken die obere kritische Abkühlungsgeschwindigkeit.

    b) Erschmelzung- und Vergießungsart: Winzige nichtmetallische Einschlüsse wirken als Keime, an denen Ferrit- und Perlitbildung beginnt.

    c) Austenitisierungstemperatur. Mögliche Keime zur Ferrit- und Perlitbildung gehen bei Erhöhung in Lösung, die kritische Abkühlgeschwindigkeit wird erniedrigt (jedoch Gefahr der Grobkornbildung).

    d) Abschreckmittel: Wenn ein Abschreckmittel einen Dampfmantel bildet, resultiert eine niedrige Abkühlungsgeschwindigkeit.

5   Einhärtung bis zum Kern, besonders wichtig für hoch auf Zug oder Druck beanspruchte und vergütete Bauteile.

6   Karbidbildner verlangsamen bei der Abkühlung die Ferrit- und Perlitbildung, da sie zur Ferrit- und Perlitbildung ebenfalls diffundieren müssen: Die kritische Abkühlgeschwindigkeit wird gesenkt.

7   5–7 mm. Die kritische Abkühlungsgeschwindigkeit kann bei unlegierten Stählen nur bis zu dieser Tiefe überschritten werden. Aus dem Kern des Teiles kann die Wärme nicht so schnell abfließen, da der Stahl nur eine begrenzte Wärmeleitfähigkeit besitzt.

8   Höhere Härtetemperaturen, Verwendung von Abkühlmitteln mit angepasster Abkühlwirkung, Verwendung legierter Stähle, Stähle mit einem geringen Gehalt an nichtmetallischen Einschlüssen.

9   Durch den Salzgehalt wird die Kochperiode des Kühlmittels verlängert, dadurch wird mehr Wärme entzogen: Die kritische Abkühlgeschwindigkeit wird auch in tieferen Schichten noch überschritten.

10 Wärmespannungen werden durch die größeren Abkühlgeschwindigkeiten und die daraus resultierenden Temperaturunterschiede im Werkstück auch größer: Härteverzugs- und Härterissgefahr; mangelhaft gereinigte Teile können korrodieren.

11 a) Die Umwandlungsgeschwindigkeit Austenit/Perlit nimmt ab; die Perlitstufe wird zu tieferen Temperaturen verschoben; bei hohen LE-Gehalten unterbleibt die Perlitbildung; auch bei langsamster Abkühlung: bainitische und martensitische Stähle.

    b) Mit steigenden Karbidbildnern nimmt die Einhärtungstiefe zu.

12 Nickel Ni.

13 (1) Der Gehalt an LE darf bei genormten Stählen in zulässigen Toleranzbereichen schwanken, z. B. bei unlegiertem Vergütungsstahl C45: Mn von 0,5...0,8 % und Si von 0,15...0,4 %.

    (2) Erschmelzungs- und Vergießungsart beeinflussen den Gehalt an nichtmetallischen Einschlüssen. Diese wirken z. T. als Keime für die Ferrit- und Perlitbildung. Der reinere Stahl härtet tiefer ein.

5.3.5 Verfahrenstechnik

1   Austenitisieren, Abschrecken, Anlassen.

2   a) Dicht über Ac_3; vollkommene Umwandlung in Austenit erforderlich (Austenitisierung). Höhere Temperaturen führen zu Kornwachstum und ergeben einen grobnadeligen Martensit.

    b) Dicht über Ac_1; vollkommene Umwandlung in Austenit nicht erwünscht, da übereutektoide Stähle mit steigendem C-Gehalt nach dem Abkühlen zunehmend Restaustenit enthalten, dadurch geringere Gesamthärte.

3   Die Umwandlung des unterkühlten Austenits in Ferrit, Perlit und Bainit.

4   a) Überhitzen, zu hohe Abschrecktemperatur, führt zu einem groben Austenitkorn
       und damit zu grobem Martensit. Daraus resultiert besondere Sprödigkeit.
    b) Unterhärten, zu niedrige Abschrecktemperatur. Ferritreste nicht in Austenit um-
       gewandelt, beim Abschrecken daher keine Umwandlung in Martensit: Daraus
       resultiert Weichfleckigkeit.

5   a) Die Zerfallsneigung des Austenits wird mit sinkender Temperatur immer *größer,*
       die Diffusion der C-Atome und der Legierungselemente jedoch immer *kleiner.*
       Die gegenläufigen Einflüsse führen zu einer maximalen Umwandlungsgeschwin-
       digkeit bei etwa 550 °C.
    b)

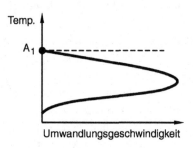

6   Die Abkühlgeschwindigkeit des Abkühlmittels muss bei jeder Temperatur größer
    sein als die momentane Umwandlungsgeschwindigkeit des unterkühlten Austenits
    in Perlit.

7   a) Zusätze können die Abkühlwirkung sowohl milder als auch schroffer machen.
       Erwärmung des Abkühlmittels ergibt mildere Wirkung.
    b) Geschlossener Ofen, Luft unbewegt, Luft bewegt, Salzschmelzen, Metallschmel-
       zen, Öle, Wasser.

8

Phase	Vorgänge am Werkstück	Wärmeentzug		Begründung
		Hoch	Gering	
1	Bildung eines Dampfmantels		×	Dampfmantel isoliert, Wärmeleitung
2	Kochperiode, Ablösen von Dampfblasen	×		Dampfblasen benötigen Verdampfungswärme
3	Dampfentwicklung beendet		×	Wärmeleitung bei gerin- ger Temperaturdifferenz

9   Wirbelbetten bestehen im Prinzip aus einem Gasstrom mit Festteilchen bestimmter
    Größe, z. B. Al-Oxid-Teilchen. Beide bilden zusammen das Fluid. Vorteile des Wir-
    belbetts:
    • kurzfristige Inbetriebnahme,
    • leichte Regelbarkeit für hohe und tiefe Temperaturen,
    • gezielte Abschreckwirkung mit tiefkalten Gasen,
    • gezielte Aufheizung durch Direkt- oder Indirekt-Beheizung,
    • geringe Umweltprobleme, da keine Salze verwendet werden.

10   Anlasstemperatur und -dauer. Die Anlasstemperatur ist entscheidend, die Dauer hat
     im Vergleich mit der Temperatur nur logarithmischen Einfluss.

11   Wenn die Anlasstemperatur gleich der Arbeitstemperatur ist, würde ein längeres Ar-
     beiten mit dem Werkzeug weiter Diffusionsvorgänge bewirken. Daraus würde wei-
     terer Abfall der Härte und damit höherer Verschleiß des Werkzeuges bzw. Maßände-
     rungen des Werkstückes resultieren.

12   Durch die Anlauffarben.

13   Im Allgemeinen langsam, um Wärmespannungen zu vermeiden. Ausnahme: einige
     legierte Stähle, die eine schnelle Abkühlung von der Anlasstemperatur erfordern, da
     sie zu Anlasssprödigkeit neigen.

5.3.6 Härteverzug und Gegenmaßnahmen

1   a) Wärmespannungen und Umwandlungsspannungen.

    b) Wärmespannungen entstehen durch behindertes Schrumpfen. Bereits erkaltete Be-
       reiche hindern die noch heißeren am Zusammenziehen, diese sind nach der Abküh-
       lung länger, stehen damit unter Zugspannungen.
       Umwandlungsspannungen: Bei der Umwandlung ändert sich das Volumen (Über-
       gang kfz → krz) und lokal auch die Form der Kristallite (Martensitnadel). Dies
       kann wären der Umwandlung zu Spannungen kommen.

    c) Härtespannungen können zu Verzug führen, der dann Nacharbeiten erfordert, wie
       z. B. Richten oder ein größeres Aufmaß zum Schleifen. Im ungünstigsten Fall kön-
       nen Risse auftreten, die zu Ausschuss führen.

2   (1) Anpassung des Kühlmittels an den jeweiligen Stahl. Die Ferrit- und Perlitbildung
        soll *gerade noch* unterdrückt werden. Es ist nicht nötig, schroffer abzuschrecken.

    (2) Unterteilung des Temperatursprunges beim Abkühlen in zwei Abschnitte: Gebro-
        chenes Abschrecken oder unterbrochenes Abschrecken.
        1. Stufe: Schnelles Durchlaufen der Perlitstufe in einem Abkühlmittel mit hoher
        Abkühlgeschwindigkeit.
        2. Stufe: Langsames Durchlaufen der Martensitstufe in einem Abkühlmittel mit
        niedriger Abkühlgeschwindigkeit.

    (3) Abkühlung in Vorrichtungen unter starken Einspannkräften.

3   Zuerst entstehen die Wärmespannungen, die von dem unterkühlten Austenit (zäh, kfz-
    Gitter) ohne Risse abgebaut werden können. Die Umwandlungsspannungen entstehen
    danach bei der langsamen Martensitbildung, also nicht gleichzeitig.

4

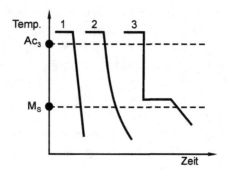

5.3.7 Zeit-Temperatur-Umwandlung (ZTU-Schaubilder)

1 Das EKD gilt nur für unendlich langsame Abkühlung bzw. Aufheizung.

2 a) Stetige Abkühlung des Austenits von Härtetemperatur bis auf Raumtemperatur mit verschiedenen Abkühlgeschwindigkeiten, durch verschiedene Kühlmedien erreicht.

   b) schnelle umwandlungsfreie Abkühlung des Austenits auf eine Temperatur unterhalb Ac_3 und Halten bei dieser Temperatur (isotherm), bis sich der Austenit umgewandelt hat.

3 ZTU-Schaubilder geben Auskunft über: Umwandlungsbeginn und -ende des Austenits in die Gefüge:

   • Ferrit, Perlit, Bainit und Martensit,
   • zugehörige Temperatur- und Zeitabläufe,
   • prozentuale Zusammensetzungen des entstandenen Gefüges,
   • Härte des entstandenen Gefüges.

4 Folgendes Bild.

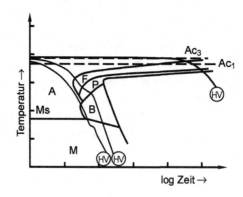

5 Der Rand kühlt schneller ab als der Kern.
   (1) Gebiet der Ferritbildung nach ca. 2 s erreicht.
   (2) Gebiet der Perlitbildung nach ca. 5 s erreicht.
   (3) Gebiet der Bainitbildung nach ca. 8 s erreicht.
   Der Kern durchläuft nur das Gebiet der Ferritbildung (1) und Perlitbildung (2). Die
   Umwandlung in Bainit unterbleibt.

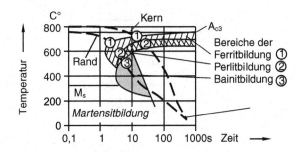

6 Die Randkurve schneidet den Bainitbereich nur wenig (4), so dass ein fast vollständi-
   ges Martensitgefüge entsteht.
   Im Kern beginnt nach dem Durchlaufen von Ferrit- (1) und Perlitbereich (2) nach
   ca. 80 s die Bainitbildung (3).
   Bei (4) beginnt dann die Umwandlung des restlichen, unterkühlten Austenits zu Martensit.
   Durch das Legieren mit Chrom sind Ferrit-, Perlit und Bainit-Bildung deutlich verlangsamt. Der Stahl härtet leichter.

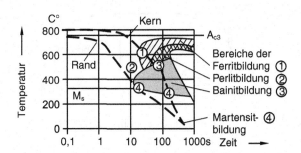

7 Das Bainitgefüge ist ähnlich dem Vergütungsgefüge: Es liegen feinste Karbidteilchen
   in einer Ferritmatrix vor. Entsprechend fest und zäh ist der Stahl im bainitisierten Zustand.
8 Durch isotherme Umwandlung knapp oberhalb der Martensit-Start-Temperatur.

9 Der Stahl wird aus dem Austenitgebiet auf die erforderliche *isotherme* Umwandlungs-
   temperatur von ca. 400 °C abgekühlt ((1) im Bild).
   Nach ca. 80 s beginnt die Umwandlung in dann Bainit (2). Nach insgesamt 650 s ist
   die Bainitbildung beendet (3). Nach weiterer Abkühlung ohne Umwandlung hat das
   Gefüge eine Festigkeit von (40) HRC.

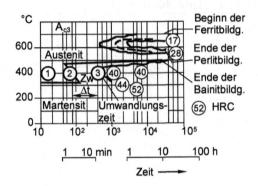

5.3.8 Vergüten

1 Größere Zähigkeit und erhöhte Streckgrenze gegenüber dem normalisierten Zustand.
2

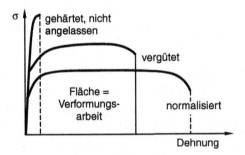

3 Normalisieren ist preisgünstiger, da es ein einstufiger Wärmebehandlungsprozess ist.
4 Auf Grund seines gleichmäßigeren Gefüges.
5 Damit sich Martensit bildet, müssen mindestens 0,2 % C bei unlegierten Stählen
   vorhanden sein. Höhere C-Gehalte ergeben größere Zementitanteile im Vergütungsgefüge, damit zwar hohe Festigkeit, aber eine geringe Zähigkeit.
6 Bis zu etwa 40 mm.
7 Es sind unlegierte und niedriglegierte Stähle mit C-Gehalten von 0,25...0,6 % C,
   dadurch hohe bis mittlere Zähigkeit und Bildung von Martensit beim Abkühlen. Die
   Maximalhärte wird aber nicht erreicht, LE wie z. B. Cr, Mn, Ni, Si, Mo und V zum
   Erreichen der Durchhärtung größerer Querschnitte. Mit zunehmendem Querschnitt
   der Werkstücke steigt der erforderliche Gehalt an LE. Vergütungsstähle sind dazu

gedacht, erst bearbeitet und dann vergütet zu werden, d. h. sie werden in der Regel unvergütet eingekauft.

8 Achsen, Wellen, Schrauben, Federn, Zahnräder, Ventile.

9 Zähe Stähle können örtliche Spannungsspitzen durch geringe plastische Verformungen der rissgefährdeten Bereiche abbauen.

10 Abnahme der Kerbschlagzähigkeit bei einigen legierten Vergütungsstählen (Mn, Cr und Cr + Ni enthaltend) nach dem Anlassen mit nachfolgender langsamer Abkühlung.

Es handelt sich dabei um Ausscheidungsvorgänge. Sie wird vermieden durch schnelles Abkühlen aus der Anlasswärme oder durch Verwendung von Mo-legierten Vergütungsstählen, welche keine Anlasssprödigkeit zeigen.

11 a) Hohe Produktivität durch schnellen Durchlauf, Gefahr der ungleichmäßigen Erwärmung.

b) gleichmäßige Durchwärmung, niedrigere Produktivität.

12 a) Vergüten.

b) Austenitisieren oberhalb A_{c3} – Abschrecken (C45 in Wasser) – Anlassen unter A_{c1}.

c) Homogener Austenit, C gelöst – Unterdrückung der Kohlenstoffdiffusion, Martensitbildung, Härtung durch C in Zwangslösung – Bildung von gleichmäßig feinverteilten Zementitausscheidungen, Härteabnahme, starke Zunahme der Zähigkeit.

d) Man könnte auch bei niedrigeren Abkühlungsgeschwindigkeiten (Ölabschreckung, größerer Durchmesser) den Achszapfen durchhärten und damit durchvergüten.

5.4 Aushärten

5.4.1 Allgemeines

1 a) Diffusionslose Gitterumwandlung (Austenit – Martensit), Gitterverzerrung und Zunahme der Versetzungsdichte, Mischkristallverfestigung durch zwangsgelösten Kohlenstoff, dadurch starke Behinderung der Versetzungsbewegung.

b) Diffusionsabhängiger Vorgang im MK, der prinzipiell in den meisten Legierungen ablaufen kann. Blockierung der Versetzungsbewegung durch feinste Ausscheidungskristalle.

5.4.2 Verfahren

1 Das Basismetall muss ein begrenztes Lösungsvermögen für die andere Komponente besitzen, das mit sinkender Temperatur kleiner wird.

2   Der metastabile Zustand der übersättigten Mischkristalle, die durch schnelle Abküh-
     lung aus dem einphasigen Mischkristallgebiet entstehen.

3   (1) Bildung von Ausscheidungen.

     (2) Wachstum von Ausscheidungen.

     (3) Vergröberung von Ausscheidungen.

4   Der Teilchenabstand kontrolliert die 0,2-%-Dehngrenze einer ausgehärteten Legie-
     rung; je geringer er ist, desto stärker müssen die Versetzungen gekrümmt werden, um
     die Teilchen zu umgehen und desto größer ist deswegen die 0,2-%-Dehngrenze. Dazu
     müssen die Teilchen gerade so groß sein, dass sie nicht mehr geschnitten werden.

5   a) Kaltaushärtung: Bei einigen Aluminium-Legierungen laufen die Diffusionsvor-
         gänge bei Raumtemperatur genügend schnell ab, es dauert Stunden bis einige
         Tage.

     b) Warmaushärtung: Bei vielen Legierungen dauern die Diffusionsvorgänge bei
         Raumtemperatur viele Tage oder sind überhaupt unmöglich. Dann wird durch
         Wärmezufuhr und Halten bei Temperaturen zwischen 130...700 °C je nach
         Werkstoff die günstigste Teilchengröße und der günstigste Teilchenabstand er-
         zielt.

6   a) Die Ausscheidungskristalle passen sich durch Verzerrung dem Wirtsgitter an, das
         in Wechselwirkung ebenfalls verzerrt wird → starke Behinderung der Verset-
         zungsbewegung.

     b) Die Ausscheidungskristalle haben ein artfremdes Gitter mit geringem Einfluss auf
         das Wirtsgitter und führen nur zu geringer Verzerrung des Wirtsgitters und damit
         zu geringen Verzerrungen → geringe Behinderung der Versetzungsbewegung.

7   Durch zu lange Auslagerungszeiten vergröbern die Teilchen (Erhöhung des Teil-
     chenabstandes) und werden mit dem Gitter inkohärent. Dadurch sinkt die Festigkeit
     wieder.

8

Stufe (Name)	Innere Vorgänge (beabsichtigte Änderung)	Verfahren
Lösungsglühen	Sekundärkristalle lösen sich auf, Herstellung eines homogenen Mischkristall-Gefüges	Erwärmen und Halten auf Tempera-turen oberhalb der Löslichkeitslinie des Zustandsschaubildes
Abschrecken	Ausscheidung von Sekundärkris-tallen wird verhindert, Herstellung eines übersättigten MK-Gefüges	Abkühlen in Wasser, Warmbad oder Luft je nach Legierungstyp
Auslagern	Bildung intermetallischer Phasen von bestimmter Größe, Gestalt und Verteilung, als Behinderung der Versetzungsbewegung wirkend	Liegenlassen bei RT oder Halten auf höheren Temperaturen. **Wichtig:** Temperatur und Zeit je nach Legie-rungstyp genau einhalten!

9   Aushärtbare Al-Legierungen (5 Systeme). Die niedrige 0,2-%-Dehngrenze soll an-
     gehoben werden. Dabei sollen Korrosionsbeständigkeit und Verformbarkeit nicht so
     stark abfallen, wie z. B. bei der Kaltverfestigung.

10 Die niedrige Festigkeit und Härte des Cu soll erhöht werden, ohne dass die elektrische Leitfähigkeit stark absinkt.

11 (1) Bildung von immer mehr Ausscheidungen → Teilchenabstand sinkt → Härte steigt.

(2) Teilchenvergröberung → Teilchenabstand steigt → Härte sinkt.

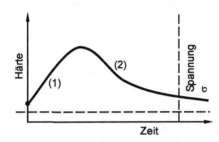

5.4.3 Ausscheidungshärtende Stähle

1 Die Schnellarbeitsstähle (HS-Stähle). Anlassen bei hohen Temperaturen ergibt durch Aushärtung höhere Härtewerte und Anlassbeständigkeit, als normale Werkzeugstähle aufweisen.

2 Sehr hohe Festigkeiten bei noch ausreichenden Verformungskennwerten. Hohe Schweißeignung durch sehr niedrigen C-Gehalt.

5.4.4 Vergleich Härten/Vergüten und Aushärtung

1

Frage		Härtung	Aushärtung
Welches Gefüge liegt vor?	Bei 2	Hartes, sprödes Martensitgefüge	Weiches, zähes Mischkristallgefüge
	Bei 5	Vergütungsgefüge mit Karbiden, weniger hart, zäher	Mischkristallgefüge mit Ausscheidungen, höhere Festigkeit, noch zäh
Wo tritt höchste Härte auf?		Bei 2	Bei 5
Wo ist der Werkstoff noch stark verformbar?		Bei 1	Bei 2
Wie ist die Härte über dem Querschnitt verteilt?		Ungleichmäßig, nach innen weicher	Gleichmäßig

2 Weil nach dem Härten eine extrem hohe Mischkristallverfestigung durch den auf Zwischengitterplätzen gelösten Kohlenstoff vorliegt, während die Mischkristallverfestigung im lösungsgeglühten Zustand durch Substitutionsatome praktisch ohne Bedeutung ist. Zementit ist eine inkohärente Ausscheidung und führt deswegen in jedem Fall

zur Härteabnahme, da die Mischkristallverfestigung durch die Zementitausscheidung zurückgeht. Bei der Aushärtung werden Legierungselemente ausgesucht, die kohärente Ausscheidungen bilden und deswegen den weichen Mischkristall immer verfestigen.

5.4.5 Ausscheidungsvorgänge mit negativen Auswirkungen

1 Unerwünschte Ausscheidungen von Stickstoff und Kohlenstoff aus dem Ferrit als Zementit und Eisennitrid. Folgen: Abnahme der Kerbschlagzähigkeit, Verschiebung der Übergangstemperatur zu tieferen Temperaturen, Abnahme der Bruchdehnung.
2 Beschleunigte Alterung nach Kaltumformung. Durch Gleitvorgänge können die zwangsgelösten Atome schneller an die Störstellen des Gitters gelangen, wo sie Ausscheidungen bilden. Folgen wie unter Antwort 1.
3 Weil dort heterogene Keimbildung vorliegt: Die Energie des Gitterfehlers wird durch die Ausscheidung erniedrigt.
4 Kombination von Reckalterung (Frage 2) und Warmauslagern. Dadurch nimmt man die Versprödung im Betrieb vorweg.
5 Bei der Pulverherstellung durch Verdüsen von Schmelzen entstehen infolge der Abschreckwirkung hochübersättigte Mischkristalle, die beim folgenden Sintern aushärten können.

5.5 Thermomechanische Verfahren

1 Festigkeitssteigerung bei hoher Zähigkeit durch feinkörniges Gefüge.
2 Walzen bei tiefen Temperaturen unter A_1, aber oberhalb M_s. Verwendung mikrolegierter Stähle. Carbonitride wirken als Kornwachstumsbehinderer und Keimbildner für die Umwandlung.
3 Durch das Legierungselement Kohlenstoff. Der niedrige Kohlenstoffgehalt macht TM-Stähle besonders schweißgeeignet.
4 Möglichst niedrige Walz-Endtemperatur, beschleunigte Abkühlung.
5 Wärmezufuhr (Warmbiegen, langsames Schweißen) kann zu Kornvergröberung und damit zu Festigkeits- und Zähigkeitsverlust führen.

5.6 Verfahren der Oberflächenhärtung

5.6.1 Überblick

1 Ein preisgünstiger Grundwerkstoff ergibt die Gestalt des Bauteiles und übernimmt die Festigkeitsbeanspruchung. Die dünne Randschicht – evtl. nur örtlich – übernimmt

Korrosions- und Verschleißbeanspruchung oder spezielle Funktionen wie z. B. Diffusionssperren, Wärmedämmung oder bestimmtes Reibverhalten.

2 Durch die unterschiedliche Wärmedehnung von Schicht und Grundwerkstoff treten Schubspannungen und dadurch evtl. Ablösungen auf. Die Zwischenschicht kann das verhindern, wenn sie ausreichend plastisch verformbar ist. Spröde Zwischenschichten haben keine solche Wirkung. Außerdem kann eine Zwischenschicht bei Temperaturbeanspruchung als Diffusionsbarriere wirken.

3 a) Erhöhung von Dauerfestigkeit oder Härte.

   b) Druckeigenspannungen in der Schicht für Dauerfestigkeit, Härte durch Änderung der chemischen Zusammensetzung oder Martensitbildung.

   c) Festwalzen von Kerben und Kugelstrahlen von Federn, eindiffundierte Atome erzeugen intermetallische Phasen (Nitrieren, Borieren), martensitische Randschichten auf vergütetem Grundwerkstoff (Randschicht- und Einsatzhärten).

4 Hohe Zähigkeit im Kern als Sicherheit gegen Sprödbruch; hohe Härte an Berührungsstellen, um den Verschleiß niedrig zu halten.

5 Kurbel-, Nocken- und Keilwellen, Zahnräder, Kupplungsteile, Kolbenbolzen, Ketten- und Raupengetriebeteile, Führungsbahnen an Werkzeugmaschinen.

5.6.2 Randschichthärten

1 Keine chemische Veränderung der Randschicht, nur Gefügeumwandlungen in der Randschicht. Kurzzeitige Erwärmung mit hoher Leistungsdichte, sofortige schnelle Abkühlung.

2 Flammhärten, Induktionshärten, Tauchhärten, Umschmelzhärten.

3 Salzbäder, Flammen, Induktions- und Wirbelströme, Laser- und Elektronenstrahlen.

4 Infolge der geringen *Wärmeleitfähigkeit* des Stahles staut sich die Energie in der Randschicht, sie kann nicht so schnell abfließen.

5 a) Vom Kohlenstoffgehalt des Stahles.

   b) Steigender Gehalt an Carbidbildnern erhöht die Einhärtungstiefe und damit auch die Dicke der martensitischen Randschicht. Mit steigender Leistungsdichte wird die Randschicht dünner, welche den austenitischen Zustand erreicht und dann abgeschreckt werden kann.

   c) Mit Laser- und Elektronenstrahl oder Induktionshärten mit hohen Frequenzen.

6 a) Über die Induktionsspule lässt sich die 10-fache Energie auf die gleiche Fläche übertragen.

   b) Geringere Verzunderung, auch für dünne Querschnitte geeignet.

   c) keine Abgase, kürzere Zeiten.

7 Ja, da sie alle auf kurzzeitige Austenitisierung und schnelle Abkühlung mit Martensitbildung reagieren.

5.6.3 Einsatzhärten

1   Randschichthärteverfahren von Stählen, die beim Abschrecken aus dem Austenitge-
    biet nur eine geringe Härtesteigerung erfahren, dafür aber zäh bleiben, d. h. niedrige
    C-Gehalte besitzen müssen. Durch Aufkohlung wird der Randzone Kohlenstoff zu-
    geführt. Nach dem Abschrecken aus dem Austenitgebiet wird nur sie martensitisch
    hart.

2   Niedrige C-Gehalte, um die Zähigkeit zu erhalten, niedrige Gehalte an Cr, Mn, Mi
    und Mo, um die Festigkeit des Kerns zu steigern, damit bei großen Wanddicken nach
    dem Abschrecken eine gewisse Festigkeitssteigerung des Kerns möglich wird.

3   Bei größeren Querschnitten ist eine Durchvergütung nur bei höheren Gehalten an
    LE möglich. Der niedriger legierte Stahl hat nach dem Einsatzhärten auch niedrige-
    re Kernfestigkeit (Wegen der Stoßbelastung des Rades ist außerdem der Ni-legierte,
    zähere Stahl von beiden besser geeignet).

4   Diffusion aus der C-reichen Umgebung in die C-arme Randschicht des Werkstückes
    bis zu max. 2 % bei 1147 °C.

5   Der erreichte C-Gehalt der Randschicht ist von der Kohlungswirkung des Kohlungs-
    mittels abhängig.

6   Temperatur und Zeit, daneben auch das Kohlungsmittel. LE behindern die Diffusion,
    so dass legierte Stähle längere Aufkohlungszeiten benötigen als unlegierte.

7

Merkmal	Aufkohlung durch		
	Pulver	Gas	Salzbad
C-Träger	Holzkohle mit Zusätzen	Propan	Cyansalze, NaCN
Wärmequelle	Gas- oder elektrisch beheizte Öfen		Badwärme
Werkstückgröße	Beliebig bis zur Größe der Einsatztöpfe bzw. -kästen	Beliebig bis zur Größe der Glühtöpfe	Kleine Massenteile
Kohlungstiefe (wirtschaftlich möglich)	Groß	Beliebig	Klein
Besondere Vorteile	Billig	Schnell, sauber, Kohlungswirkung regelbar	Schnell
Besondere Nachteile	Lange Anheizzeit, Staubentwicklung	Hohe Anlagekosten	Magengifte, Bäder müssen in Kohlungswirkung überwacht werden

8   (1) Nur teilweises Einhängen in Salzbäder.
    (2) Abdecken der nicht zu härtenden Bereiche durch Lehm oder Pasten.
    (3) Entfernen der aufgekohlten Schicht zur Spanen. Hierzu muss dieser Bereich des
        Werkstückes mit Übermaß gefertigt werden.

9 Wegen der ungünstigen Gefügeausbildung: grobkörniger Kern und grobnadelige Randschicht mit Restaustenit wegen überhitzter Härtung. Folge: Geringere Randhärte und Zähigkeit im Kern.

10 Abkühlen des Stahles aus der Aufkohlungshitze. Energieersparnis. Dafür müssen besondere Feinkornstähle verwendet werden, die weniger zur Bildung von Restaustenit neigen. Nicht für jedes Aufkohlungsverfahren geeignet.

11 Verfahren, bei dem zunächst der Kern und danach der Rand optimal (bei der ihrem C-Gehalt entsprechenden Temperatur) abgekühlt werden. Vorteil: zäher Kern bei größter Randschichthärte. Nachteil: energie- und zeitaufwändig, größerer Verzug möglich.

12 Abkühlen des Werkstückes von Temperaturen oberhalb:
a) Ac_3 des Kernwerkstoffes (Kernhärtung), Kern richtig, Randschicht überhitzt gehärtet,
b) Ac_1 des Randwerkstoffes (Randhärtung), Randschicht richtig, Kern überhitzt gehärtet.

13 (1) *Weichfleckigkeit* durch ungleichmäßige Aufkohlung von unsauberen Teilen, Entkohlung beim Wiedererwärmen oder durch zu niedrige Härtetemperatur.

(2) *Überkohlung* ist übermäßige Aufnahme von C durch falsches Kohlungsmittel und zu niedrige Temperatur, sodass bei längeren Glühzeiten der Kohlenstoff nicht schnell genug ins Innere diffundieren kann.

(3) Schalenrisse entstehen beim Abkühlen. Randschicht und Kern haben unterschiedliche Wärmeausdehnungskoeffizienten. Der Übergang vom C-reichen Rand zum C-armen Kern darf nicht zu schroff sein, d. h. die Übergangszone nicht zu schmal sein.

14 Einsatzhärten, 700 HV in 0,5 mm Tiefe durch Nitrieren bei 16MnCr5 nicht erreichbar.

5.6.4 Nitrieren, Nitrokarburieren

1 Durch die Stickstoffzufuhr entstehen in der Randzone Nitride, die als intermetallische Phasen sehr hart, aber auch spröde sind.

2 Stickstoff gelangt *atomar* von außen an das Werkstück und wandert durch Diffusion in die Randschicht ein. Je höher die Temperatur, desto schneller verläuft der Prozess.

3 Der Stahl muss sich noch im ferritischen Zustand befinden, d. h. bei Temperaturen unter Ac_1, damit sich Stickstoff nur wenig im α-Eisen löst, dafür aber mit Fe und den LE Nitride bildet (Verbindungszone von ca. 30 µm). Weitere N-Atome diffundieren tiefer ein und liegen nach Abkühlung als feinstverteilte Nitride vor (Diffusionszone). Sie besitzt einen allmählichen Übergang zum Grundwerkstoff und dadurch eine gute Verankerung.

4 Die Härte liegt über der des Martensits, bis max. 1500 HV; erhöhte Korrosionsbeständigkeit, niedrige Reibung durch geringe Kaltschweißneigung, Warmfestigkeit aber hohe Sprödigkeit.

5   a) Kernwerkstoff muss eine höhere Streckgrenze besitzen, damit sich bei Punkt-
        oder Linienbelastung (Zahnräder) die Randschicht nicht in den weichen Grund-
        werkstoff eindrückt. Deshalb werden die Teile meist im vergüteten Zustand ni-
        triert.
    b) Sie kann in der Regel nicht nachgearbeitet werden, da sie bei Unrundheiten evtl.
        weggeschliffen wird.

6   Grundsätzlich alle Stähle. Die Härte ist dann am größten, wenn die Stähle Nitridbild-
    ner, besonders Al als LE enthalten. Außerdem sollen die Stähle vergütbar sein.

7   Sie muss *unterhalb* der Anlasstemperatur liegen, praktisch bei 500...580 °C, damit
    während des Nitrierens kein neues Anlassen mit Abfall der Streckgrenze erfolgt.

8   *Gasnitrieren* bei 500 °C im Ammoniakstrom ($NH_3 \rightarrow 3N + H$), kein Verzug, da be-
    liebig langsame Abkühlung, für Fertigteile geeignet Extruderschnecken.
    Badnitrieren 550...580 °C in Cyanid/Cyanat-Schmelzen. Kurzzeitbehandlung für
    Werkzeugschneiden zur Erhöhung der Standzeit. Für Teile aus unlegierten Stählen
    mit schneller Abkühlung zur Erhöhung der Dauerfestigkeit (Getriebe- und Wasser-
    pumpenteile).
    Plasmanitrieren in Niederdruck-Stickstoff-Atmosphäre. Randschichtaufbau ist regel-
    bar, die Schicht ist zäher als die nach anderen Verfahren; weichbleibende Stellen sind
    günstig abschirmbar.

9   Die Werkstücke brauchen nicht schnell abgekühlt zu werden, da die Träger der Här-
    te, die Nitride, bereits bei der Nitriertemperatur vorhanden sind. Daraus ergibt sich
    ein wesentlich geringerer Verzug der nitrierten Teile, sie benötigen keine Nacharbeit.
    Wegen der hohen Härte und geringen Schichtdicke wäre ein Nachschleifen auch un-
    günstig.

10 Weil Nitrieren einige 100 °C tiefer abläuft als das Einsatzhärten.

11 Man kann das ganze Bauteil zuerst vergüten und anschließend nitrieren (hohe Festig-
    keit und Zähigkeit bei gleichzeitiger hoher Oberflächenhärte).

5.6.6 Mechanische Verfahren

1   (1) Verfestigungswalzen, Steigerung der Dauerfestigkeit in umlaufenden Kerben.
    (2) Kugelstrahlen, lokale Steigerung der Dauerfestigkeit auch bei nicht rotationssym-
         metrischen Teilen.

2   Durch die mechanischen Oberflächenbehandlungsverfahren entsteht ein Druck-Eigen-
    spannungszustand. Druckeigenspannungen vermindern die Lastspannungen um ihren
    Betrag. Die Bildung eines Ermüdungsrisses wird durch die Verminderung der effekti-
    ven Randspannung erschwert.

3   Ja, die Form des Bauteils ist für die Wirkung des Kugelstrahles ohne Bedeutung.

4   Erst die Schraube vergüten, dann das Gewinde rollen. Umgekehrt würde der Verfes-
    tigungseffekt des Rollens durch das Vergüten aufgehoben werden. Die Standzeit der
    Rollwerkzeuge sinkt, da der vergütete Stahl einen hohen Umformwiderstand hat.

6 Eisen-Gusswerkstoffe

6.1 Übersicht und Einteilung

1

Eigenschaft	Auswirkung
Niedrige Schmelztemperatur	Kosten für Schmelzen, Ausmauerungen und Formen sind niedrig
Geringes Schwindmaß	Lunkerneigung und Spannungen sind gering
Formfüllung	Formgenauigkeit, Oberflächengüte
Zerspanbarkeit	Fertigbearbeitung ist kostengünstig

2   Durch zweckmäßiges Gestalten mit geringen Kerbwirkungen.

3

Gruppe, Kurzzeichen	Gefügemerkmal: *Graphitausbildung*
Stahlguss,	Graphitfrei
Gusseisen mit Lamellengraphit GJL	Vorwiegend in Lamellenform
Gusseisen mit Kugelgraphit GJS	Fast vollständig in Kugelform
Temperguss GJM	In Flockenform (Temperkohle) nach Glühung

Sonderguss: alle Werkstoffe, die sich nicht oben einteilen lassen

© Springer Fachmedien Wiesbaden 2016
W. Weißbach und M. Dahms, *Aufgabensammlung Werkstoffkunde*,
DOI 10.1007/978-3-658-14474-6_20

6.2 Allgemeines über die Gefüge- und Graphitausbildung bei Gusseisen

1

	Erstarrungsform	C liegt vor als
Stahlguss	Metastabil	Zementit (Fe_3C)
Grauguss	Stabil	Überwiegend als Graphit

2   Fe_3C kristallisiert schneller als Graphit, da die C-Atome bei der eutektischen Reaktion zur Bildung reiner Kristalle größere Wege zurücklegen müssen als zur Bildung von Fe_3C.

3

Erstarrungsform	LE
Stabil (Graphit)	Si
Metastabil (Fe_3C)	Mn

4   Langsame Abkühlung (bei dickeren Querschnitten) und erhöhter Gehalt an (Si + C).

5

Nr.	Gusswerkstoff
5	Ferritischer Grauguss
1	Ledeburitischer Hartguss
3	Perlitguss
2	Meliertes Eisen
4	Ferritisch-perlitischer Grauguss

6   Abhängigkeit der Gefügeausbildung von der Wanddicke eines Gussteiles. Dünne Querschnitte kühlen schneller ab als dicke, sodass in dünnwandigen Bereichen und auch in den Randzonen die Erstarrung in Richtung metastabiler Gefüge verläuft (härter), während dickwandige Bereiche und Kernzonen stabil erstarren (weicher).

7

Graphitausbildung wird	Feiner
Zähigkeit	Steigt
Festigkeit	Steigt
Plastische Verformbarkeit	Steigt

8   Die kompakten Graphitkugeln haben eine deutlich geringere Kerbwirkung als die flockige und lamellare Form.

9   Ursache ist die unterschiedliche Graphitausbildung bei verschiedenem Abkühlungsverlauf. Weil die Härtemessung durch Druckbeanspruchung erfolgt, wirkt sich die Graphitgröße und -form wenig aus. Die Zugfestigkeit wird durch Zugbeanspruchung ermittelt. Feinere Graphitteilchen mindern sie weniger als grobe, Kugeln weniger als Lamellen.

6.3 Gusseisen mit Lamellengraphit GJL (DIN EN 1561/11)

1 a) EN-GJL-200. Die Zahl gibt die Mindestzugfestigkeit in N/mm^2 an. Sie wird mit Zugproben ermittelt, die aus getrennt mitgegossenen Probestäben von 30 mm Durchmesser gefertigt werden.

   b) Zugfestigkeiten von 150...350 N/mm^2 in 5 Sorten um je 50 N/mm^2 gestuft.

2

Eigenschaft	Beurteilung	Begründung
Gießbarkeit	Leicht	Naheutektische Legierung mit niedriger Gießtemperatur und kleinem Schwindmaß (1 %)
Zerspanbarkeit	Gegeben	Graphitlamellen sind Schmierstoff und Spanbrecher
Verformbarkeit	Sehr gering	Kerbwirkung der Lamellen
Druckfestigkeit	Etwa das 3-fache der Zugfestigkeit	Kerbwirkung der Lamellen nur im Zug
Dämpfung	Hoch	Lamellen dämpfen Körperschall (sinkt mit steigendem Perlitanteil)
Korrosionsbeständigkeit	Höher als Baustahl	Gusshaut nimmt Si aus Formsand auf: legierter Werkstoff
Notlaufeigenschaften	Meist ausreichend	Graphitlamellen als Festschmierstoff, Perlitanteil übernimmt Tragfunktion, verschleißarm

3 Seine schwingungsdämpfende Wirkung.

6.4 Gusseisen mit Kugelgraphit GJS (DIN EN 1563/11)

1 a) Durch eine Impfung der Schmelze in der Gießpfanne mit Mg-Legierungen.

   b) sphärolithisches Gusseisen, Sphäroguss, duktiles Gusseisen.

2 a) EN-GJS-400-15. Die erste Zahl gibt die Mindestzugfestigkeit in N/mm^2 an, die zweite die Mindestbruchdehnung in %.

   b) Zugfestigkeiten von 350...900 N/mm^2 in 9 Sorten. Davon sind zwei mit gewährleisteter Kerbschlagzähigkeit (GJS-350-22 LT und GJS-400-18-LT).

   c) durch das Grundgefüge, das von rein ferritisch über ferritisch-perlitisch bei den höheren Festigkeiten in rein perlitisch übergeht.

3 *Zugfestigkeit* R_m Der Bereich der GJS-Sorten beginnt, wo die GJL-Sorten enden. *Bruchdehnung* liegt wesentlich höher; bei zwei Sorten ist sogar die Kerbschlagzähigkeit gewährleistet (ISO-V-Probe bei $-40\,°C$). *Dämpfungs*eigenschaften liegen niedriger als bei GJL, sind jedoch höher als bei Stahlguss.

4 Für Teile mit *komplizierter* Gestalt (Stahlguss scheidet wegen der starken Schrumpfung und niedriger Formfüllung aus), die eine ausreichende *Zähigkeit* haben müssen, z. B. bei Stoßbelastungen (GJL scheidet aus) und deren *Masse* oder *Wanddicken* für Temperguss zu groß sind (max. etwa 100 kg, damit der Rohguss graphitfrei erstarrt).

6.5 Temperguss GJMW/GJMB (DIN EN 1562/12)

1 a) Ein untereutektisches Gefüge (Ledeburit mit Perlit).

   b) Der Si + C-Gehalt der Schmelzen liegt bei unter 4 %. Damit ergibt sich aus dem Gefügeschaubild bei Wanddicken unter 6 mm ein ledeburitisches Gefüge.

   c) Bei größeren Wanddicken und Massen verläuft die Abkühlung langsam. Es besteht die Gefahr von Graphitausscheidungen, deren lamellare Form auch beim Tempern bestehen bleibt. Damit lassen sich die hohen Festigkeits- und Dehnungswerte des Tempergusses nicht erreichen.

2 a) Dünne Querschnitte werden vollständig entkohlt: Ferrit. Querschnitte über etwa 8 mm haben *ungleichmäßigen* Gefügeaufbau: Randzone entkohlt, ferritisch; Kern perlitisch mit Temperkohle (Flockengraphit). Dazwischen liegt eine Übergangszone, ferritisch-perlitisch mit Temperkohle.

   b) Durch Tempern (Glühen 1000 °C/60 h) in oxidierend eingestellter Ofenatmosphäre. C-Atome der Randzone verbrennen zu CO, aus dem Kern diffundieren ständig neue in die entkohlte Randzone nach.

3 a) Ein *gleichmäßiges* Gefüge mit Temperkohle in ferritischer oder perlitischer Grundmasse.

   b) Durch Glühen 950 °C/20 h mit verschiedenartiger Abkühlung. Beim Glühen zerfällt Fe_3C in $3Fe + C$. Die C-Atome bilden flockige Graphitkristalle = Temperkohle. Die Umwandlung des Austenits wird von der Abkühlungsart beeinflusst.

4 a) Zum Beispiel GJMB-350-10 für nicht entkohlend geglühten (schwarzen) Temperguss; GJMW-350-4 für entkohlend geglühten (weißen) Temperguss. Die Zahlen haben die gleichen Bedeutungen wie bei GJL.

   b) Zugfestigkeiten von 350...800 N/mm^2.

   c) Für Verbundkonstruktionen mit Walzstahl, dazu muss sie schweißgeeignet sein. Die Sorte lässt sich zu sehr niedrigen C-Gehalten entkohlen, sodass die Schweißzone nicht aufhärtet und ohne Wärmebehandlung bleiben kann.

5 Das Grundgefüge entsteht durch die Abkühlung des Austenits, d. h. zunächst Ausscheidung von C-Atomen durch die abnehmende Löslichkeit, dann durch den Austenitzerfall (γ-α-Umwandlung).

Gefüge (+ Temperkohle)	Abkühlungsverlauf	Festigkeit	Beispiel
Ferrit	Langsam (Ofen)	Niedrig	GJMB-350-10
Perlit	Schnell (Luft)	Mittel	GJMB-550-4
Perlit, körnig	Schnell + Weichglühen	Niedrig	GJMW-450-7
Vergütungsgefüge	Schnell (Öl) + Anlassen	Hoch	GJMB-700-2

6 In der Kfz-Industrie: Kurbelwellen, Bremstrommeln, Schaltgabeln, Kardangabelstücke, Ausgleichsgetriebegehäuse für Lkw, Kreiskolben für Wankelmotor, Federböcke, Bremsträger, Gelenkflansche für Vorderradaufhängung, Lenkgehäuse.

6.6 Gusseisen mit Vermiculargraphit

1 Die Gefüge sind vorwiegend ferritisch oder perlitisch mit wurmförmigen Graphitkristallen.

2 Durch die wurmförmige Graphitausbildung hat GJV gegenüber dem GJS höhere Wärmeleitfähigkeit und geringere Wärmedehnung und auch kleineren E-Modul. Dadurch sind bei Temperaturwechseln die thermischen Spannungen kleiner, d. h. die Thermoschockbeständigkeit ist größer. Bei höheren Temperaturen findet keine Oxidation der Graphitkristalle (wie bei GJL) statt und damit keine Volumenvergrößerung wie bei GJL.

3 Thermisch beanspruchte Bauteile von Kfz-Motoren wie Abgaskrümmer und Turboladergehäuse, Zylinderköpfe größerer Motoren, Stahlwerkskokillen.

6.7 Sonderguss

1 Die vier Sorten sind: Austenitisches Gusseisen, Säurebeständiges Gusseisen, Verschleißfestes Gusseisen und Schalenhartguss.

2 a) Der Graphit liegt einmal in Lamellenform, bei der anderen Gruppe in Kugelform vor. Von beiden Gruppen gibt es zahlreiche Sorten.

   b) Das austenitische Grundgefüge wird durch hohe Ni-Gehalte von 15 bis 23 % erzielt.

3 Säurebeständiges Gusseisen ist mit etwa 15 % Si legiert. Si wird auch vom normalen Gusseisen zusätzlich aus dem Formsand aufgenommen und macht die unverletzte Gusshaut noch korrosionsbeständiger.

4 Verschleißfestes Gusseisen ist mit Cr, Ni und Mo legiert und enthält harte Cr-Karbide in martensitischen oder bainitischen Grundgefügen nach einer Wärmebehandlung.

7 Nichteisenmetalle

7.1 Allgemeines

1

Häufigkeit	Element
1	Al
2	Fe
3	Mg
4	Ti

2

Niedrigere Dichte	Al, Mg
Niedrigerer Schmelzpunkt	Sn, Pb
Höhere elektrische Leitfähigkeit	Cu, Ag
Höhere Korrosionsbeständigkeit	Cu, Ni
Höherer Schmelzpunkt	W, Ti

7.2 Bezeichnung von NE-Metallen und -Legierungen

1 Chemisches Symbol mit angehängter Zahl, welche den Metallgehalt in Prozenten angibt. Die Differenz zu 100 % ist der Anteil an Verunreinigungen.
Al 99,9: Reinaluminium mit 99,9 % Metallgehalt und 0,1 % Fremdstoffen, genauere Angaben nach DIN-Norm.

2 Chemische Symbole von Basismetall und Hauptlegierungselementen (LE) nach fallenden Anteilen. Nach jedem LE-Symbol folgt dessen Gehalt in Prozenten, das Basismetall wird nicht angegeben. Wenn keine Verwechslung möglich ist, kann Prozentangabe von LE wegfallen.

© Springer Fachmedien Wiesbaden 2016
W. Weißbach und M. Dahms, *Aufgabensammlung Werkstoffkunde*,
DOI 10.1007/978-3-658-14474-6_21

CuAl10Ni: Kupfer-Aluminiumlegierung (Aluminiumbronze) mit 10 % Al und ge-
              ringeren Anteilen Ni.

CuNi25Zn15: Kupfer-Nickel-Zinklegierung (Neusilber) mit 25 % Ni und 15 % Zn.

Genaue Analysen und Toleranzen nach der jeweiligen DIN- bzw. EN-Norm.

3   Frühere DIN-Norm: Die Zahl nach dem Buchstaben „F" gibt die im Halbzeug durch
    Kaltverfestigung erreichte Zugfestigkeit an, d. h. die Zahl muss mit $\approx$ 10 multipliziert
    werden, um die Zugfestigkeit in N/mm^2 zu erhalten. Heute: „F" steht bei Aluminium-
    legierungen für den Herstellungszustand.

4   *Knetlegierungen:* meist homogenes Gefüge (zumindest bei erhöhter Temperatur), hohe
    Kalt- und/oder Warmformbarkeit, Fließspan, deshalb spezielle Automatenlegierungen
    mit Pb-Zusätzen;
    Gusslegierungen: meist heterogenes Gefüge, kurzer Span, leichte Gießbarkeit durch
    eutektische oder ähnliche Zusammensetzung.

5   a) Standguss G-; Kokillenguss GK-; Druckguss GD-; Schleuderguss GZ-; Strangguss
       GC-.
    b) Mit steigender Abkühlungsgeschwindigkeit ergibt sich schnellere Erstarrung mit
       feinkörnigerem Gefüge, dadurch steigen die Festigkeit und die Bruchdehnung. Ei-
       ne Ausnahme bildet Druckguss; hierbei werden beim Einspritzen des Metalles
       Oxidhäutchen und Gasbläschen im Gefüge eingeschlossen, welche zu *geringerer*
       Bruchdehnung führen.

7.3 Aluminium

7.3.1 Vorkommen und Gewinnung

1   a) Bauxit mit Aluminiumoxid Al_2O_3 (etwa 60 %) sowie Eisenoxid Fe_2O_3 und Silici-
       umdioxid SiO_2 als Verunreinigungen.
    b) Bayer-Verfahren:
       Umwandlung des Al_2O_3 durch Natronlauge in eine *wasserlösliche* Verbindung Na-
       triumaluminat Na [Al (OH)$_4$];
       Filtern, um die unlöslichen Bestandteile Fe_2O_3 und SiO_2 abzutrennen;
       Auskristallisation von Aluminiumhydroxid Al (OH)$_3$;
       Filtern und Waschen, um Kristalle und Lösung zu trennen;
       Glühen zum Trocknen und Umwandlung des Hydroxids in das Oxid.
    c) reine Tonerde, Aluminiumoxid Al_2O_3.
    d) Schmelzflusselektrolyse in Wannenöfen, Graphitblöcke als Anode, Al-Schmelze
       als Kathode, darüber Schmelze aus Kryolith und Aluminiumoxid als Elektrolyt.

2   Die reine Tonerde Al_2O_3 bildet mit Kryolith Na_3AlF_6 ein eutektisches System. Bei
    950 °C ist eine Mischung Al_2O_3 und einer genügenden Menge Kryolith im schmelz-
    flüssigen Zustand.

7.3.2 Einteilung der Al-Knetwerkstoffe

1 Eine Al-Werkstoffnummer nach DIN EN 573 ist eine vierstellige Zahl, wobei die 1. Ziffer das Hauptlegierungselement kennzeichnet, z. B. 1xxx: unlegiertes Aluminium, 5xxx: Mg Hauptlegierungselement.

7.3.3 Unlegiertes Aluminium, Serie 1000

1 a) Niedrige Festigkeit und 0,2-%-Dehngrenze sowie hohe Kaltumformbarkeit (Bruchdehnung).
   b) Al steht in der dritten Gruppe der dritten Periode, hat also eine geringe Atommasse. Daraus lässt sich auf eine *geringe Dichte* schließen.
2 a) Al hat eine starke Neigung, Elektronen abzugeben, darum geringe Korrosionsbeständigkeit und auch hohe Affinität zu Sauerstoff.
   b) Bildung von Passivschicht, also einer festsitzenden und dichten Oxidschicht. Bei Verletzung entsteht sie neu und schützt den Werkstoff.
   c) Durch anodische Oxidation: Werkstück wird als Anode eines schwefelsauren galvanischen Bades geschaltet. Der frei werdende, atomare Sauerstoff erzeugt Schichten von max. 30 µm Aluminiumoxid; sie sind hart (Al_2O_3 = Korund) nicht leitend, saugfähig, färbbar und korrosionsbeständig (Oberflächenbehandlung).
   d) Stoffe, welche die Oxidschicht auflösen; Laugen und basische wirkende Stoffe, ebenso Flussmittel zum Löten und Schweißen. Alle Elektrolyte, wenn das Aluminium in Kontakt mit einem edleren Werkstoff steht (Kontaktkorrosion).
3 a) Küchen- und Haushaltsgeräte, Tuben, Getränkebehälter.
   b) Freileitungen, Kabelmäntel.
   c) Bleche und Profile im Ladenbau, Fahrzeugzubehör.
   d) Verpackungsfolien, -dosen, Fässer, Tanks, Freileitungen.
   e) Kühlkörper in der Elektronik.
4 Als Reduktionsmittel für hochschmelzende Metalle (Aluminothermie) z. B. Ferrochrom, -vanadin, -molybdän für metallurgische Zwecke im Stahlwerk, Thermit-Schweißverfahren.

7.3.4 bis 7.3.5 Aluminium-Legierungen

1 a) Erhöhung der niedrigen Werte von 0,2-%-Dehngrenze und Zugfestigkeit.
   b) Bruchdehnung (Kaltformbarkeit) und Korrosionsbeständigkeit.
   c) Mangan Mn, Magnesium Mg, Silicium Si, Kupfer Cu, Zink Zn.
2 a) Es bleibt ein homogenes Gefüge aus Al-Mischkristallen.
   b) Zugfestigkeit und 0,2-%-Dehngrenze werden erhöht, Bruchdehnung nicht oder nur wenig verringert.

3 a) Es entsteht ein heterogenes Gefüge aus Al-Mischkristallen, die gesättigt sind, und intermetallischen Verbindungen mit komplizierten Gittern.

   b) Wenn die intermetallischen Verbindungen fein verteilt vorliegen, werden Härte und Zugfestigkeit stärker erhöht und die Kaltformbarkeit stark verringert bis zur völligen Versprödung.

4 a) In der Spannungsreihe sind Mg, Mn und Zn ähnlich unedel wie Al, während Cu sehr viel edler ist. Deshalb sind Cu-haltige Al-Legierungen gegen chloridhaltige Lösungen nicht beständig, wenn Cu-haltige intermetallische Phasen vorliegen. Die Witterungsbeständigkeit ist gegenüber Reinaluminium herabgesetzt.

   b) Bei der Aufarbeitung von Al-Schrott kann das enthaltene Cu als edles Metall nicht in eine Schlacke überführt werden. Daraus hergestellte Al-Legierungen enthalten deshalb Cu als Verunreinigung und besitzen etwas höhere Festigkeitswerte bei verminderter Korrosionsbeständigkeit.

5

Reihe / Eigenschaften	1000	2000	3000	4000	5000	6000	7000
Hauptlegierungselement	Al	Cu	Mn	Si	Mg	MgSi	Zn
Unlegiert	×						
Nicht aushärtbar	×		×	×	×		
Aushärtbar (selbstaushärtend)		×				×	×
Relativ korrosionsbeständig	×				×	×	
Wenig korrosionsbeständig		×					×
Höchste Festigkeit		×					×
Reihe enthält Automatenlegierungen		×				×	
Für Lebensmittelkontakt ungeeignet		×					×

6 a) G-AlSil2, G-AlSil0Mg, G-AlSi9Mg.

   b) alle Cu-haltigen Sorten.

   c) alle G-AlMG- und G-AlMgSi-Sorten.

   d) G-AlMg5.

   e) G-AlMg5Si.

   f) G-AlSi9Mg, G-AlSi7Mg.

   g) G-AlCu4Ti, G-AlCu4TiMg.

7.3.6 Aushärten der Aluminium-Legierungen

1 a) (1) *Lösungsglühen:* Löslichkeit des Al für LE wird mit der Temperatur größer.
      → Ausscheidungen gehen wieder in Lösung. → Es entsteht ein homogenes Mischkristallgefüge bei Glühtemperatur.

(2) *Abschrecken:* Gefüge bleibt noch homogen, Mischkristalle sind jedoch übersättigt. Festigkeit kaum erhöht, Verformbarkeit noch unverändert

(3) *Auslagern:* Gleichmäßig verteilte submikroskopisch kleine Ausscheidungen wirken als Versetzungshindernisse. Der Vorgang ist zeit- und temperaturabhängig. Festigkeit steigt, Bruchdehnung fällt ab.

b) Auslagern bei tiefen Temperaturen verzögert oder stoppt den Ausscheidungsprozess (Diffusion) und damit den Anstieg der Festigkeit.

2 Für den Diffusionsvorgang beim Ausscheidungsprozess sind Zeit und Temperatur maßgebend.

Temperatur zu niedrig: → lange Auslagerzeit erforderlich, bis die max. Festigkeit erreicht ist.

Temperatur zu hoch: sehr kurze Auslagerzeit erforderlich. Festigkeit erreicht nicht den Höchstwert. Geringe Überzeitung lässt Festigkeit schnell abfallen.

Folgerung: Temperatur und Zeit für das Auslagern müssen genau eingehalten werden.

3 Selbstaushärtung: Entstehen von übersättigten Mischkristallen durch die *normale,* vom Fertigungsverfahren her gegebene Abkühlung und die anschließende Festigkeitssteigerung durch Ausscheidungsvorgänge.

a) Beim Schweißen ausgehärteter Werkstoffe tritt in der Schweißzone eine Entfestigung ein. Bei der Legierung AlZnMg1 bilden sich infolge der hohen Wärmeleitung des Al übersättigte Mischkristalle, die beim Kaltauslagern dem Aushärtungseffekt unterliegen. Dadurch wird nach 1...3 Wochen fast die ursprüngliche Festigkeit erreicht.

b) Normalerweise nichtaushärtbare Gusslegierungen werden durch die Abkühlung nach dem Abguss teilweise (schwankender Gehalt an Verunreinigungen) geringfügig übersättigt und härten noch aus. Härte- und Festigkeitsproben sollen deshalb erst 8 Tage nach dem Abguss genommen werden.

4 Nein, die Diffusionsgeschwindigkeiten der Legierungselemente sind dazu zu niedrig.

5 a) In dem man es auf mindestens Auslagerungstemperatur wieder erwärmt.

b) Entweder die Ausscheidungen vergröbern, oder sie gehen wieder in Lösung.

c) Beim Schweißen.

7.4 Kupfer

1 Elektrische und Wärmeleitfähigkeit, Kaltverformbarkeit, Korrosionsbeständigkeit.

2 Durch die hohe Verformbarkeit des Kupfers neigt es zum Fließspan, was die Zerspanbarkeit erschwert.

3 Durch Kaltverfestigung oder durch Legieren mit Blei.

4 Beim Hartlöten von sauerstoffhaltigem E-Cu kann aus der Flamme Wasserstoff ins Kupfer eindiffundieren. Der Wasserstoff reduziert Cu_2O und bildet dadurch Wasserdampf. Der Wasserdampf sprengt das Gefüge an den Kupferkorngrenzen, was zu einer völligen Versprödung führt.

5   Steigerung der Festigkeit (Mischkristallverfestigung, Aushärtung) für federnde Kontakte, Punktschweißelektroden, Schleifringe, nicht funkende Werkzeuge.

6   a) Eine Kupferbasislegierung mit Zink als Hauptlegierungselement.

   b) Zink führt zu Mischkristallverfestigung, oberhalb 37 % Zn gewinnt Messing seine Festigkeit durch einen deutlichen Anteil an der intermetallischen Phase β.

   c) CuZn37.

   d) Eine Kupfer-Zink-Legierung mit 37 % Zn.

   e) Schrauben, Lampensockel.

7   Überall da, wo höhere Festigkeit, Korrosionsbeständigkeit oder Verschleißbeständigkeit als bei Messingen gefordert ist: z. B. Federn (Feder im Druckknopf eines Portemonnaies), Kunstgegenstände.

8   Aluminiumgussbronze ist seewasserbeständig und eignet sich deswegen besonders für Schiffspropeller.

7.5 Magnesium

1   Seine für ein Metall extrem niedrige Dichte ($1,75\,\text{g/cm}^3$).

2   Entzündungsgefahr, niedrige Kriechbeständigkeit, geringe Zähigkeit, niedriger E-Modul, geringe Korrosionsbeständigkeit.

3   Roboterarme, Getriebegehäuse, Instrumententräger im Automobil, Gehäuse für transportable Geräte.

7.6 Titan

1   Hohe Festigkeit bei geringer Dichte, Korrosionsbeständigkeit.

2   Neigung zur Aufnahme von Nichtmetallen (H, O, N, C) bei hohen Temperaturen (Versprödung), sehr hoher Preis.

3   Luft- und Raumfahrt (Triebwerk, Fahrwerk, Rotorkopf), Chirurgie (Implantate).

4   Rohrleitungen, chemischer Apparatebau.

5   TiAl6V4, $R_{p0,2}$ 900–1150 N/mm^2.

7.7 Nickel (DIN 17743/02)

1   Korrosionsbeständigkeit, Kriechbeständigkeit bei Temperaturen bis zu 1000 °C, Hochtemperaturoxidationsbeständigkeit bis zu 1250 °C, weichmagnetische Eigenschaften.

2   Chemischer Apparatebau, Ofenbau, Gasturbinentechnik, Elektrotechnik (Magnetwerkstoffe).

3 Ni-Cu-Legierungen: Wärmetauscher in der chemischen Industrie.

Ni-Cr-Legierungen: Heizleiter.

Superlegierungen: Gasturbinenschaufel.

4 Elektrische Leitfähigkeit, Hochtemperaturoxidationsbeständigkeit.

5 Aushärtbare NiCr-Legierung, aushärtbar durch Al-Zusatz;

wichtigste Eigenschaft: Kriechbeständigkeit bei Temperaturen bis zu 1000 °C (bei gleichzeitiger Oxidationsbeständigkeit); erreicht durch Kombination aus Mischkristall- und Teilchenverfestigung, höhere Kriechbeständigkeit durch gerichtete oder einkristalline Erstarrung.

Hauptanwendungsgebiet: Gasturbinenschaufel im Kraftwerk und im Strahltriebwerk.

8 Nichtmetallisch-anorganische Werkstoffe

1   Silikatkeramik: Sanitärkeramik aus Steinzeug, Porzellan,
    Oxidkeramik: Al-Oxid für Wendeschneidplatten, Dicht- und Führungselemente,
    Nichtoxidkeramik: Si-Carbid und Si-Nitrid für Düsen, Wälzkörper, Abgasturbinen-
                         läufer, Schleifscheiben.

2   Oxidkeramik: Ionenbindung/Atombindung gemischt, Nitride und Karbide: überwie-
    gend Atombindung.

3

Eigenschaft	Begründung, Ursache
Urformen durch Gießen fast nicht möglich	Hohe Schmelzpunkte 2000 °C, keine Formstoffe bekannt
Keine Zähigkeit und plastische Verformbarkeit	Versetzungsbeweglichkeit quasi null, evtl. innere Mikro-risse nach dem Sintern
Zerspanen nur durch Schleifen möglich	Hohe Härte wegen starker chemischer Bindung
Härte und Warmfestigkeit sehr hoch	Versetzungsbeweglichkeit quasi null
Korrosionsbeständigkeit sehr hoch	Keramik besteht aus chemischen Verbindungen, in denen Atome eine abgeschlossene Elektronenhülle erreichen
Verschleißwiderstand allge-mein hoch	Hohe Härte gegen Abrasion, Nichtmetallcharakter gegen Adhäsion
Häufig geringe Wärmeleitfä-higkeit	Ionen- und Atombindung haben keine freien Elektronen

4   Pulvertechnologische Herstellung durch Pressen von Pulvern in eine Form und an-
    schließendes Sintern.

5   Die Dichte kann durch Heißpressen, heißisostatisches Pressen (HIP) oder Infiltration
    mit einer flüssigen Phase erhöht werden.

© Springer Fachmedien Wiesbaden 2016
W. Weißbach und M. Dahms, *Aufgabensammlung Werkstoffkunde*,
DOI 10.1007/978-3-658-14474-6_22

6 Pulverherstellungsverfahren bestimmt Reinheit und Korngröße und Kornform sowie die Korngrößenverteilung. Pressverfahren (kalt, heiß, isostatisch) beeinflusst zusammen mit der Korngröße die Pressdichte. Sintertemperatur beeinflusst die Schrumpfung (Nacharbeit).

7 Porengröße, Porenform, Porenvolumenanteil, Oberflächenrauigkeit. Poren und Oberflächenrauigkeit wirken bei mechanischer Belastung als Kerben und können deshalb einen Bruch bei niedrigeren Spannungen auslösen.

8 a) Siliziumnitrid Si_3N_4.

b) hohe Thermoschockbeständigkeit.

c) heißgepresst, auf Grund der minimalen Porosität.

9 a) Schneidplatten für besonders harte metallische Werkstoffe.

b) besonders hohe Härte.

10 a) Schleifkorn.

b) hohe Härte.

11 Ein hoher Wärmeausdehnungskoeffizient erhöht die Thermoschockempfindlichkeit, da größere thermische Dehnungen größere thermische Spannungen erzeugen. Ein hoher Elastizitätsmodul erhöht die Thermoschockempfindlichkeit weiter, da die thermischen Dehnungen dann in besonders große thermische Spannungen umgesetzt werden.

12 a) Abgaskontrolle.

b) Zirkoniumoxid, mit Yttriumoxid dotiert.

c) elektrische Leitfähigkeit (Änderung bei geändertem Sauerstoffgehalt im Abgas).

13 Hochtemperaturoxidationsbeständigkeit (Elektrostahl, Aluminiumelektrolyse),
elektrische Leitfähigkeit (Elektrostahl, Aluminiumelektrolyse, Schleifkontakte),
Gleiteigenschaften (Schleifkontakte, Graphitschmierstoff),
Festigkeit und Steifigkeit (C-Fasern).

9 Kunststoffe (Polymere)

9.1 Allgemeines

1 Kunststoffe sind *amorph* und bestehen aus kovalent gebundenen Makromolekülen auf Basis des *Nichtmetalls* Kohlenstoff mit *schwacher* zwischenmolekularer Bindung; einige sind *teilkristallin* und bilden *Molekül*gitter, *keine* dichte Packung.

2 a) C, H, O, N, S, Cl, F, Si.

   b)

Dichte ρ in kg/dm^3	< 1,7	1,7 ... 5	5 ... 10	> 10
	Holz, Kunststoff	Mg, Al, Ti	Fe, Cu, Zn	Pb

   c) Da Kunststoffe aus Kohlenwasserstoffen und deren Abkömmlingen bestehen (reiner Kohlenstoff hat eine Dichte von etwa 2,2 kg/dm^3) und keine dichten Packungen aufweisen, sind sie leichter als die Leichtmetalle.

3 a) Sie bestehen aus chemischen Verbindungen, in denen die Elemente durch die sehr stabile Atombindung ihr Energieminimum gefunden haben.

   b) Es sind Nichtleiter, da die Valenzelektronen sämtlich in Elektronenpaaren gebunden sind: Isolationswerkstoffe.

   c) Ja, durch den Anteil an C und H werden bei Überhitzung die Makromoleküle gespalten; es entstehen brennbare Gase. Die sog. Brennprobe wird zur schnellen Erkennung des Kunststofftyps angewandt.

   d) Kunststoffe sind wesentlich biegeweicher als Metalle, d. h. sie haben einen deutlich kleineren E-Modul. Ursache sind die schwachen Bindungskräfte zwischen den Molekülen und das Fehlen der dichten Packung.

4 Kunststoffe bestehen aus ketten- oder netzartigen Makromolekülen von *unterschiedlicher* Größe (Länge). Es kann nur eine *mittlere* relative Molekülmasse angegeben werden.

© Springer Fachmedien Wiesbaden 2016
W. Weißbach und M. Dahms, *Aufgabensammlung Werkstoffkunde*,
DOI 10.1007/978-3-658-14474-6_23

5   C-Atome können untereinander Bindungen zu ketten- und ringförmigen Molekülen
    eingehen; mit steigender Kettenlänge steigen Dichte und Schmelzpunkt der Stoffe.
    C-Atome können Doppel- oder Dreifachbindungen eingehen. Moleküle mit solchen
    Bindungen sind sehr reaktionsfreudig.

6   a) Polykondensation, Phenolformaldehyd PF; Polymerisation, Polyvinylchlorid PVC;
       Polyaddition, Polyurethan PU.

    b)

	Molekülstruktur	Kunststofftyp	Mechanisch-technolog. Eigensch.
1	Fadenmoleküle	Plastomer	Oberhalb einer gewissen Temperatur weich, zäh, warmverformbar
2	Raumnetzmoleküle	Duromer	Bei allen Temperaturen relativ hart, spröde, nicht warmverformbar

7   a) Es wird dabei ein einfacher Stoff (z. B. H_2O) abgespalten (das Kondensat), der dem
       Polymer entzogen werden muss.

    b)

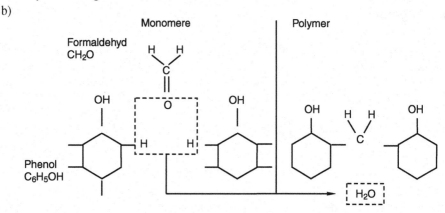

    c) Das Monomer muss zwei reaktionsfähige Stellen besitzen.
    d) Das Monomer muss mehr als zwei reaktionsfähige Stellen besitzen.
    e) Kohlenwasserstoffe mit reaktionsfähigen Stellen verknüpfen sich zu Makromo-
       lekülen. Dabei wird ein niedermolekulares Nebenprodukt abgespalten, welches
       abgeführt werden muss, damit die Reaktion vollständig abläuft.
    f) Melaminformaldehyd MF, Resopal, Ultrapas, Resamin, Chemoplast;
       Polyester, ungesättigt UP, Albertol, Leguval, Palatal, Vestopal;
       Polyamid Pa, Durethan, Degamid, Trogamid, Ultramid, Vestamid;
       Polycarbonat PC, Makrolon, Sustonat.

8   a) Im Ethen-Molekül (dem Monomer) C_2H_4. Durch Katalysatoren oder thermische
       Aktivierung wird die Doppelbindung aufgespalten, sodass beide C-Atome nur noch
       eine Außenschale haben, die mit 7 Elektronen besetzt ist. Daher schließen sich die
       aktivierten Monomere zu Ketten zusammen.
    b) Anzahl der Monomer-Bausteine in einem Makromolekül. Wegen der unterschied-
       lichen Molekülgrößen ist es ein Mittelwert.

c) Linear gebaute Ketten und solche, bei denen die Seitenketten einseitig angeordnet sind (ataktisch). Sie können dichter nebeneinander liegen (Kristallisation). Dadurch steigen die Dichte und die zwischenmolekularen Kräfte (Sekundärbindungen); damit bessere mechanische und thermische Eigenschaftswerte.

d) Polymerisation zwischen zwei oder mehr verschiedenen Monomeren. Es entstehen gemischte Kettenmoleküle.

e) Polyethylen PE, Lupolen, Hostalen, Vestolen; Polyvinylchlorid PVC, Hostalit, Trovidur, Astralon; Polytetrafluorethylen PTFE, Teflon, Hostaflon; Polyoxymethylen POM, Delrin, Hostaform, Ultraform.

9 a)

Cyanat ⟨R⟩— N = C = O	⟨R⟩— N — C = O
	│ │
Alkohol H — O—(R)	H O—(R)

b) (1) Beide Monomere müssen zwei reaktionsfähige Gruppen besitzen.
(2) Mindestens ein Monomer muss drei reaktionsfähige Gruppen besitzen.

c) Die Moleküle von zwei Monomeren mit je zwei oder mehr reaktionsfähigen Gruppen verknüpfen sich durch Platzwechsel von H-Atomen zu Makromolekülen. Es wird kein Nebenprodukt abgespalten.

d) Epoxidharze EP, Araldit, Epikote, Lekutherm; Polyurethan PUR, Vulkollan, Moltopren.

10 a) Die einzelnen Kettenglieder (Monomerbausteine) liegen unter dem Tetraederwinkel (109,5°) zueinander, d.h. die Kette ist nicht gestreckt, sondern zickzackförmig gebaut.

b) Die Kettenglieder werden elastisch gestreckt und auch gegeneinander verdreht; dabei treten Rückstellkräfte auf, welche versuchen, die ursprüngliche, gewinkelte Stellung wieder herbeizuführen.

11 Primärbindungen sind starke Elektronenpaarbildungen zwischen den Kettengliedern. Sie sind von der Art des *Bausteins* abhängig. Sekundärbindungen sind schwache Kräfte (Nebenvalenzbindungen) zwischen den Ketten, abhängig von Molekülgestalt (gestreckt, sperrig), Moleküllänge, innerer Ordnung und Temperatur.

12 Im Polymer wirken die konstante starke Primärbindung zwischen den Kettengliedern und die mit der Berührungslänge steigende Sekundärbindung. Anfangs ist diese klein; kurze Ketten gleiten ab, was zu einer niedrigen Zugfestigkeit führt. Mit steigender Kettenlänge werden die Sekundärbindungen zwar größer als die Primärbindungen, der Bruch erfolgt jedoch jetzt in der Kette selbst, d.h. die erreichbare Zugfestigkeit ist durch die Primärbindungen nach oben begrenzt.

13 a)

1	c	B
2	b	A
3	a	C

b) Durch Energiezufuhr wird die Schwingung der einzelnen Atome stärker. Die mittleren Abstände der Ketten werden größer und dadurch die Stärke der Sekundärbindungen kleiner. Dann können die Ketten gegeneinander abgleiten.

c) Bei höheren Temperaturen wird die Schwingung der einzelnen Atome so stark, dass Primärbindungen zerbrechen. Dadurch entstehen niedermolekulare Stoffe (Gase, Flüssigkeiten). Der Werkstoff wird geschädigt, erkennbar an Verfärbungen, Blasenbildung, Verkohlen.

d) Duromere bestehen aus miteinander vermaschten Raumnetzmolekülen, die auch bei höheren Temperaturen sich nicht gegeneinander verschieben können, ohne zu reißen, sodass Duromere sich grundsätzlich zersetzen statt zu schmelzen.

14 a) Durch Teilkristallisation; möglich bei gleichlangen, linearen Fadenmolekülen und langsamer Abkühlung.

b) lineare, unverzweigte Moleküle und isotaktisch gebaute, d. h. solche mit regelmäßig einseitig angeordneten Seitenketten, wie z. B. bei Polyethylen PE und isotaktischen Propylen PP.

c) verzweigte Moleküle mit sperrigen Seitenketten und ataktisch gebaute Moleküle, d. h. solche mit beidseitig und unregelmäßig angeordneten Seitenketten, wie z. B. Polystyrol PS und Polyvinylchlorid PVC.

d) Metalle kristallisieren 100%ig, in Metallgittern. Kunststoffe können nur teilweise in Molekülgittern kristallisieren, dazwischen liegen amorphe Bereiche. Der Anteil der kristallinen Bereiche kann bis zu 90 % betragen (Kristallisationsgrad).

e) Mit steigendem Kristallisationsgrad steigen Dichte, Schmelztemperatur, Zugfestigkeit, E-Modul, Beständigkeit gegen Lösungsmittel. Es sinken Dämpfung, Schlagzähigkeit, Bruchdehnung, Wärmeausdehnung, Gasdurchlässigkeit. Der Schmelzbereich wird kleiner.

f) Durch eine mechanische Streckung bei der Formgebung tritt eine parallele Orientierung der Ketten ein. In dieser Richtung erhöhen sich Zugfestigkeit und Bruchdehnung beträchtlich. Anwendung bei Folien und Spinnfasern.

15 a) Stabilisatoren zur Erhöhung der Wärmebeständigkeit und Lichtbeständigkeit beim Herstellen und im Gebrauch; Gifte gegen Mikroben.

b) Wachse als Gleitmittel und zum Entformen.

c) gasabspaltende Stoffe für Schaumstoffe.

d) Holzmehl, Kreide, Quarz- und Schiefermehl.

e) Fasern, Stränge, Gewebe, Matten, Bahnen aus Papier, Textilien, Glas, Asbest, Holz zur Erhöhung von Festigkeit, E-Modul, Zähigkeit, Wärmebeständigkeit, Anisotropie.

9.2 Eigenschaften

1 a) Kunststoffe deutlich kleiner als Metalle.
   b) Kunststoffe deutlich kleiner als Metalle.
   c) Kunststoffe deutlich größer als Metalle.
   d) Kunststoffe deutlich kleiner als Metalle.
2 in der Regel stark zeit- und temperaturabhängig.
3 bei Metallen: eventuell Korrosion,
   bei Kunststoffen: eventuell Feuchtigkeitsaufnahme.
4 Unterhalb der Glastemperatur ist ein Kunststoff spröde.
5 Sie ist die zulässige Maximaltemperatur bei kurzzeitiger Temperaturerhöhung.
6 Sie ist die zulässige Maximaltemperatur bei langfristigem Einsatz bei erhöhter Temperatur.
7 Die Kunststoffschmelze ist stark kompressibel.
8 Nach der Mischungsregel $E_{\text{längs}} = x\,E_{\text{Faser}} + (1-x)E_{\text{Kunststoff}}$.

9.3 Gebräuchliche Kunststoffe

9.3.1 Wichtige Thermoplaste

1 a) Unterhalb der Glastemperatur T_{g} (Einfriertemperatur) (Bereich I), oberhalb der Kristallit-Schmelztemperatur T_{m} (Bereich III) und dazwischen (Bereich II).
   b) Sie nimmt kontinuierlich ab, an den Bereichsgrenzen jeweils sehr deutlich.
   c)

Bereich	Mechanischer Zustand	Innerer Zustand
I	Spröde	Völlige Unbeweglichkeit der Kettenmoleküle
II	Zähhart (thermoelastisch)	Amorphe Bereiche der Ketten sind beweglich
III	Plastisch bis schmelzend (visko-elastisch)	Kristallite sind aufgelöst, Bindungen stark gelockert

   d) (1) im Bereich III, (2) im Bereich II.

2 a)

Kennlinie	mechanische Eigenschaft	Beispiel
I	Hart, spröde, formsteif	PMMA Plexiglas, PS Polystyrol
II	Zäh-elastisch, schlagfest	PA Polyamid, ABS, PC Polycarbonat
III	Weich, hohe Reißdehnung	PE weich, PVC weich

   b) Kennlinie II.

3

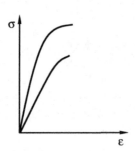

4 a) Das Kriechen, d. h. eine zunehmende Dehnung, die nach einer Zeit zum Bruch
      führt. Die Zeit hängt von Spannung und Temperatur gegenläufig ab.
      Zeitstandzugversuch: Probe unterliegt über lange Zeit einer konstanten Spannung,
      die veränderliche Dehnung wird gemessen.
      Entspannungsversuch: Probe unterliegt über eine lange Zeit einer konstanten
      Dehnung, die abnehmende Spannung wird gemessen.
   b) Kriechmodul: Der E-Modul ist das Verhältnis Spannung zu Dehnung. Wenn bei
      langzeitiger Beanspruchung die Dehnung größer wird, so muss (bei konstanter
      Spannung) der E-Modul kleiner werden. Dieser veränderliche, zeitabhängige E-
      Modul wird als Kriechmodul bezeichnet, erkennbar an der unterschiedlichen Nei-
      gung der isochronen Spannungs-Dehnungslinien.

5 a) Schnappverbindungen für Abdeckkappen und Spielwaren, Wälzlagerkäfige.
      Zahnräder und Kupplungsteile haben größere Berührungsflächen durch die elas-
      tische Abplattung, dadurch geringere Flächenpressung und weniger Verschleiß.
   b) Wanddicken verstärken, Verrippungen anbringen, Strukturschaum verwenden
      (Sandwichprinzip), glasfaserverstärkte Plastomere einsetzen.

6 a) E-Modul und Zugfestigkeit steigen, Dehnung und Zähigkeit sinken, ebenso die
      Kriechneigung.
   b) Wärmeausdehnungskoeffizient sinkt, Dauerwärmebeständigkeit wird erhöht.
   c) Fließfähigkeit in der Form wird geringer, Glasgehalte deshalb nach oben begrenzt,
      meist 30 %.

7 *Spritzgießen* von Formteilen, wie z. B. Küchengeschirr, Gerätegehäuse, Verpackungs-
   behälter, Getriebeteile.
   Extrudieren von Schläuchen, Folien, Platten, Ummanteln von Rohren und Kabeln.

8 a) In der Formbeständigkeit bei höheren Temperaturen und in Festigkeit und Steifig-
      keit (E- und G-Modul).
   b) Einbau von Benzolringen in die Monomerkette ergibt durch die Doppelbindung
      des kompakten Ringmoleküls höhere Steifigkeit und Wärmebeständigkeit. Lei-
      der erhöht sich damit die Viskosität der Schmelze, sodass für die thermoplasti-
      sche Formgebung höhere Verarbeitungstemperaturen erforderlich werden. Man-
      che Sorten können nur sintertechnisch verarbeitet werden.

9   LC bedeutet *liquid crystal*. Es sind Polymere mit stäbchen- oder scheibenförmigen Kristallen, die sich in Fließrichtung orientieren und dadurch höchste Festigkeit und Steifigkeit aufweisen. Der Wärmeausdehnungskoeffizient ist wesentlich kleiner. Die Ausrichtung führt zu starker Anisotropie.

10 Plastomere sind aufgrund ihrer Schmelzbarkeit grundsätzlich werkstofflich rezyklierbar. Es ist aber besonders auf Sortenreinheit und Sauberkeit zu achten. Bei jedem Wiedereinschmelzen kommt es zu thermischer Schädigung. Verbrennung von halogenhaltigen Kunststoffen ist besonders problematisch (Umwelt!).

11 PE-LD, niedrige Dichte, niedriger Kristallisationsgrad, Folien.
    PE-HD, hohe Dichte, hoher Kristallisationsgrad, Rohre, Hohlkörper.

12 PP, Becher für Milchprodukte.

13 a) Polyvinylchlorid.
    b) schwer entflammbar.
    c) Kabelisolierung, Fußbodenbelag.

14 PS-E, Styropor.

15 Galvanisierbarkeit.

16 Polyamide können Feuchtigkeit aufnehmen.

17 Beständigkeit gegen Öle, Treibstoffe und Lösungsmittel.

18 Geringe Durchlässigkeit für CO_2.

19 Beim Versuch, eine CD durchzubrechen.

9.3.2 Duromere und Elastomere

1   a) Mischungen von Kunstharzen im schmelzbaren Zustand mit Zusätzen. Sie haben konstante Verarbeitungseigenschaften (Temperatur, Druck, Zeit), sowie genormte Mindestwerte an mechanischen Eigenschaften, die an Probestäben nachgeprüft werden.
    b) Phenol-Kresolharze PF, Harnstoffharze UF, Melaminharze MF, Polyesterharze UF, Epoxidharze EP.
    c) (1) Glasfasern, (2) Gesteinmehle, (3) Fasern, Schnitzel, Bahnen aus Papier, Textilien, Holz oder Glas, (4) Holzmehl.

2   a) Abwiegen (evtl. Tablettieren) und Vorwärmen der Pressmasse, Einfüllen in die beheizte Pressform (135...170 °C), Pressen bis zu 1000 bar, Halten bis zum Ende der Polykondensation (Faustwert 1 min/mm Wanddicke), Auswerfen bzw. Entnehmen, evtl. Nachtempern, um Reste des Kondensats zu entfernen.
    b) Hartpapier, Hartgewebe, Kunstharzpressholz mit längs, kreuzweise oder sternförmig orientierten Faserrichtungen der Furniere.
    c) Harnstoff-(UF) oder Melaminharz-Schichtpressstoffe (MF) als Hartpapier DIN 7735, oder auf Span- und Hartfaserplatten (Resopal, Formica, Getalit, Hornitex, Ultrapas u. a.). Helle Farben, lichtbeständig und geruchlos.

3 a) Sie können drucklos und bei Raumtemperatur aushärten.

   b) Fertigung großflächiger Teile möglich, da Formen billig herzustellen sind.

4 a) Glasseide in Form von *Rovings* (Strängen aus parallelen Fäden) hohe Festigkeit aber nur in Faserrichtung, von *Geweben* mit hoher Festigkeit in zwei Richtungen und *Matten* aus regellos verklebten Glasfadenabschnitten mit niedriger Festigkeit nach allen Richtungen (isotrop).

   b) EP härtet ohne Schwindung aus (UP etwa 2...3 %). Dadurch hohe Maßgenauigkeit und bessere Haftung an den Glasfäden; höhere Dauerfestigkeit als UP, aber teurer.

5 Lebensmittel dürfen mit ihnen nicht in Kontakt kommen.

6 Duromere sind werkstofflich nicht rezyklierbar, da sie nicht schmelzbar sind. Chemische und thermische Zersetzung sind grundsätzlich möglich, Zerkleinerung und Zumischen zu anderen Stoffen (z. B. Asphalt) ebenfalls. Als letzte Möglichkeit bleibt die Verbrennung (thermisches Recycling).

9.3.3 Elastomere

1 weitmaschig vernetzte und verknäulte Fadenmoleküle.

2 Verknüpfungspunkte verhindern Abgleiten auch bei höherer Dehnung.

3 a) Kautschuk (Latex).

   b) Schwefelatome.

4 Schläuche, Reifen, Förderbänder, Gummifedern, Kabelmäntel, Faltenbälge, Dichtungen, O-Ringe.

5 Recycling allgemein ähnlich dem der Duromere (wegen Netzstruktur), außer thermoplastische Elastomere, die sich wie Plastomere rezyklieren lassen. Verbrennung von schwefelhaltigem Gummi problematisch (Umwelt!).

9.3.4 Thermoplastische Elastomere (TPE)

1 Die Verknüpfungspunkte lösen sich bei höherer Temperatur auf. Dann sind die Elastomere wie Plastomere verarbeitbar (Schmelzen, Extrudieren, Schweißen).

2 Schnellere Taktfolge bei der Produktion, leichtes Recycling.

10 Verbundstrukturen und Verbundwerkstoffe

1 Verbundwerkstoffe bestehen aus zwei oder mehr Phasen von Stoffen, die aus verschiedenen Werkstoffgruppen kommen:
Metall mit Keramik: WC-Co, Hartmetall.
Polymer mit Glas: glasfaserverstärktes Epoxidharz.
Keramik mit Polymer: Polymerbeton.

Der entstehende Stoff wird in seinen Eigenschaften als **ein** Werkstoff betrachtet.
2 Werkstoff und Form der Verstärkungsphase – Werkstoff der Matrix.
Beispiel: Glasfaserverstärkter Kunststoff.
3

Name		3	2	4	1
Matrix	Metall	–	l	e	c, d, f
	Polymer	a	h	b (n)	g
	Keramik	i, k	o	n	m

4 Verbundwerkstoffeigenschaften sind sehr stark vom Herstellungsprozess abhängig. Aufwendige Sicherung der Qualität (z. B. der richtigen Lage der Verstärkungsphasen (z. B. bei Fasergelegen).
Haftungsprobleme zwischen Stoffen mit ungleicher Bindungsart und Gefahr von Reaktionen bei höheren Temperaturen, vielfach sind Beschichtungen (Interface) erforderlich. Wesentlich höhere Kosten gegenüber herkömmlichen Werkstoffen. Probleme beim Recycling.
5 Faserverbundwerkstoffe sind wegen der hohen Festigkeit der Fasern und ihrer geringen Dichte die größte Gruppe. In Verbindung mit einer Matrix geringer Dichte (Polymere, Leichtmetalle) ergeben sie Leichtbauwerkstoffe mit hoher Reißlänge und auch hoher spez. Steifigkeit. Fasern können als Fasergelege auch *örtlich begrenzt* zur Eigenschaftsverbesserung in ein Bauteil eingebracht werden.

© Springer Fachmedien Wiesbaden 2016
W. Weißbach und M. Dahms, *Aufgabensammlung Werkstoffkunde*,
DOI 10.1007/978-3-658-14474-6_24

6 Zu den Teilchenverbundwerkstoffen. Durch kleinste Partikel von Oxiden, Karbiden, die als Versetzungshindernis wirken. Die Legierungen werden durch intensives Mahlen der Pulver hergestellt.

7 Durch Mischen von Kurzfasern mit Pulvern und pulvermetallurgische Verarbeitung, Pressguss mit kleinen Strömungsgeschwindigkeiten zum porenfreien Umgießen von Fasergelegen.
   Beschichten von Fasern durch thermisches Spritzen (Vakuum-Plasma-Spritzen VPS).
   Abwechselnd Metallfolien und Faserlagen stapeln, dann Heißpressen.

8 Leichtmetalle Mg, Al und Ti. Sie haben relativ niedrige 0,2-%-Dehngrenzen, die durch Faser- oder Teilchenverbunde angehoben werden können. Bei aushärtbaren Legierungen wird die Einsatztemperatur durch die Temperatur der Warmauslagerung bestimmt, sonst tritt im Betrieb ein Abfall der Festigkeit ein. Faser- oder teilchenverstärkte Metalle können höhere Temperaturen ertragen, das Kriechen wird vermindert. Bei Faserverstärkung von Al wird der Wärmeausdehnungskoeffizient herabgesetzt und der E-Modul stark erhöht.

9 a) Hohe Steifigkeit und Festigkeit kombiniert mit niedriger Dichte.
   b) Bei CfK liegen spezifische Festigkeit und Steifigkeit höher als bei GfK.

11 Werkstoffe besonderer Herstellung oder Eigenschaften

11.1 Pulvermetallurgie, Sintermetalle

1 Pulvermetallurgie gehört mit *Gießen, Sprühkompaktieren* und Galvanoformen zum Fertigungsbereich *Urformen.*

2 Pulverherstellung, Pressen, Sintern, Kalibrieren.

3 a) $F = p \cdot A = 6 \cdot 10^2 \frac{N}{mm^2} \cdot 400\,mm^2 = 240\,kN$.

   b) Pressdruck, Gleitmittel, Teilchenform und plastisches Verhalten des Pulverwerkstoffes.

   c) Die Teilchen verklammern sich mechanisch beim Pressvorgang und haften auf Grund von Adhäsion zusammen. Verklammerung ist nur bei unregelmäßig geformten Teilchen möglich.

   d) Durch die maximale Kraft der Presse.

4 a) Sintern ist ein Glühen von pulvrigen Stoffen, bei dem die Pulverteilchen über ihre Berührungsflächen hinweg miteinander verschweißen.

   b) *Diffusion:* Durch Platzwechsel von Atomen vergrößern sich die Berührungsflächen der Pulverteilchen.

   c) 1100...1200 °C, legierte Stähle höher.

   d) in der Regel nicht, Ausnahme: Flüssigphasensintern.

   e) Die Dichte steigt von der *Pressdichte* auf die *Sinterdichte,* dabei tritt eine Schrumpfung ein. Cu-legierte Fe-Pulver zeigen kleinere Schrumpfung, die bei höheren Gehalten an Cu in ein Wachstum übergeht.

5 *Kalibrieren* ist ein Nachpressen in **einem** weiteren Werkzeug. Es ist erforderlich, weil die Volumenänderung beim Sintern von verschiedenen Faktoren abhängt (Pressdruck, Pulverart und Sintertemperatur), damit nicht genau vorauskalkuliert werden kann und dadurch bei kleinen Toleranzen zu viel Ausschuss entstehen würde.

© Springer Fachmedien Wiesbaden 2016
W. Weißbach und M. Dahms, *Aufgabensammlung Werkstoffkunde,*
DOI 10.1007/978-3-658-14474-6_25

6   Bei manchen heterogenen Pulvermischungen kann beim Sintern *eine* Phase schmelzen, wie z. B. bei Sinterhartmetall (Wolframcarbid und Kobalt, Kobalt schmilzt) oder Fe-Cu-Pulvern (Cu schmilzt). Dies führt sowohl zu einer Erhöhung der Sintergeschwindigkeit als auch zur Reduktion der Porosität (Kapillarkräfte).

7   a) Praktische *Unschmelzbarkeit* der höchstschmelzenden Metalle mit $T_m > 2000\,°C$. Wolfram für Glühlampenwendel und Elektroden, Molybdän für Heizleiter, Oxidkeramische Schneidplatten, Diamantschleifkörper.

        Unlöslichkeit der Legierungskomponenten im *flüssigen* Zustand ergibt keine homogenen Werkstoffe bei der Abkühlung. Cu-Graphit für Kollektor- und Schleifringstromabnehmer, Cu-W für Schaltkontakte.

        Starke *Seigerung* einer Kristallart beim Erstarren. Pulvermetallurgisch wird diese Phase gleichmäßig feinkörnig verteilt und kann außerdem in höheren Anteilen in das Gefüge eingebracht werden.

        Karbidanteil in Sinterhartstoff, Schnellarbeitsstählen und Ferro-Titanit. FeP-Sinterwerkstoffe.

    b) unlegierte Pulver, Mischpulver und fertiglegierte Pulver.

    c) Mit steigender Sinterdichte steigen beide Eigenschaften.

    d) Eine Grobeinteilung erfolgt nach der Raumerfüllung (Gegensatz von Porosität) in Werkstoffklassen Sint-A…Sint-G und eine Sonderklasse Sint-S, mit Raumerfüllungen von < 73 %…95 %. Innerhalb jeder Klasse werden verschiedene Werkstoffe durch zwei Ziffern unterschieden.

8   Beim Sprühkompaktieren werden die Schritte Pulverherstellung, Pulverformgebung und Sintern in einem Schritt verbunden.

9   Es gibt Werkstoffe (z. B. Keramik, höchstschmelzende Metalle, Teilchenverbundwerkstoffe, die sich schmelzmetallurgisch nicht herstellen lassen.

      Kompliziert geformte Massenteile können ggf. durch Pulvermetallurgie besonders kostengünstig hergestellt werden.

10   Schwerkraftseigerung: Eine Phase schwimmt während der Erstarrung auf oder setzt sich ab. Abhilfe: Beide Phasen als Pulver mischen.

      Starke Kristallseigerung oder grobe Primärkristalle bei der Erstarrung. Pulver haben feinere Gefüge.

11   HIP; Ziel: Erreichen höchster Dichte. Arbeitsschritte: Einkapseln und Evakuieren, Sintern unter hohem Gasdruck, Entkapseln.

11.2 Schichtwerkstoffe und Schichtherstellung

1   Nach dem Aggregatzustand, aus dem der Schichtwerkstoff aufgebracht wird, d. h. aus dem

… flüssigen	Schmelztauchen, Anstreichen,
… plastischen	Spachteln,
… breiigen	Verputzen,

... körnig-pulvrigen   Thermisch spritzen, Wirbelsintern,

... gas-dampfförmigen CVD- und PVD-Verfahren,

... ionisierten   Galvanisch oder chemisch Beschichteten,

daneben durch Schweißen und Löten.

2 a) Eindiffundieren von Schichtatomen in den Basiswerkstoff,
       Bildung einer Diffusionsschicht,
       Gefügeveränderung des Basiswerkstoffes: Kornwachstum,
       Anlass- oder Ausscheidungsvorgänge,
       Reaktion von Schichtwerkstoff mit Luft (Oxidation).
    b) Bildung von Mischkristallen oder intermetallischen Phasen, je nach Zustands-
       schaubild.

3 Bleche und Profile für Beanspruchung unter Freiluft, auch Guss- und Schmiedeteile
   (Ketten) mit Zn oder ZnAl oder mit Al bzw. AlSi bei höherer Belastung (Industrieluft).

4 Das thermische Spritzen.

5 Thermisches Spritzen und Auftragsschweißen.

6 a) Acetylenflamme, elektrischer Lichtbogen, Plasmastrahl.
    b) Reinheit und Rauigkeit der Oberfläche, Auftreffgeschwindigkeit, Umgebungsme-
       dium (Luft oder Schutzgas).
    c) Plattgedrückte Tropfen (fladenförmig) ergeben eine lamellare Struktur mit Poren
       und Oxideinschlüssen.

7 CVD: hohe Temperaturen, ungerichtete Teilchenströme beschichten das Substrat
       gleichmäßig,
   PVD: niedrige Temperaturen, gerichtete Teilchenströme beschichten ungleichmäßig
       (Schattenwirkung), Rotation der Werkstücke erforderlich.

8 TiN für *Zerspanungswerkzeuge*, TiC Kaltumformwerkzeuge, Messzeuge in Schichten
   bis zu 10 µm.

11.3 Lager- und Gleitwerkstoffe

1 Hohe Belastbarkeit durch Flächenpressung, Fremdkörper und Schmiermittel sollen
   einbettbar sein, hohe Wärmeleitfähigkeit, niedrige Reibzahl, hohe Verschleißbeständigkeit, Notlaufeigenschaften, Zähigkeit, Dauerfestigkeit.

2 Legierungen auf Kupfer- oder Aluminiumbasis.

3 durch heterogene Legierungen, die intermetallische Phasen als Hartphasen enthalten.

4 Preisgünstiges Zn ersetzt das teure Zinn. Dadurch sind Rotgusslager günstiger.

5 Der Porenraum des Sintermetalls wirkt als Schmierstoffreservoir.

6 PTFE (Handelsname: Teflon).

12 Korrosionsbeanspruchung und Korrosionsschutz

1   Sie besteht aus einer Reaktion des metallischen Werkstoffes mit seiner Umgebung, die eine messbare Veränderung bewirkt. Diese sog. Korrosionserscheinung kann die Funktion des Bauteiles beeinträchtigen.

2   • Chemische Reaktion: Anlaufen des Silbers in Gegenwart von Schwefel, Zunderung des Stahles beim Glühen,

   • elektrochemische Reaktion: Rosten des Stahles, Grünspan auf Messing, Patina auf Cu-Dächern, weißer Belag auf Al,

   • metallphysikalische Reaktion: Werkstoffverlust durch Lösen in Metallschmelzen (Formen für Al-Druckguss), Zinnpest (Gitterumwandlung bei tiefen Temperaturen in eine spröde Phase).

3   a) Schwächung der Querschnitte → höhere Spannungen → größere Verformungen → Bruch,

   b) Verletzung der Oberfläche → Kerbwirkung → Dauerfestigkeit sinkt → Bruch,

   c) Lochbildung → Undichtigkeiten,

   d) Korrosionsprodukt hat größeres Volumen → Blockierung beweglicher Teile, Sprengwirkung in engen Spalten oder Oberflächenschichten (Rostbeulen im Lack).

4   Bildung einer Passivschicht.

5   Elektrochemische Reaktionen finden nur bei Gegenwart von Elektrolyten (z. B. Wasser) statt; dabei bilden sich Korrosionselemente aus.

6   In einen Elektrolyten (z. B. wässrige Lösung von Salzen, Säuren, Basen) tauchen zwei verschiedene Metalle. Die Elektronen für den Stromfluss liefert das unedlere von beiden, welches dabei oxidiert. Das edlere Metall bleibt erhalten.

7   Mithilfe der Spannungsreihe der Elemente, es ist das mit dem negativeren Potential.

© Springer Fachmedien Wiesbaden 2016
W. Weißbach und M. Dahms, *Aufgabensammlung Werkstoffkunde*,
DOI 10.1007/978-3-658-14474-6_26

8   Galvanische Elemente haben definierte, begrenzte Körper als Anode und Kathode. Der Stromkreis ist zunächst offen. Es fließt kein Strom.
Korrosionselemente sind ständig kurzgeschlossen, als Anode und Kathode wirken Werkstoffe oder Gefüge*bereiche.*

9   a) Bimetall-(Kontakt-)Elemente, Stahlschraube.

b) Konzentrationselement, unbelüfteter Zwischenraum.

c) Lokalelement, am stärksten verformte Bereiche.

d) Konzentrationselement (Belüftungselement), Zone dicht unterhalb der Wasseroberfläche.

e) Lokalelement, Stahl im Porengrund.

10 Dickenabnahme Δl und lineare Abtragungsgeschwindigkeit w.

11 Gleichmäßiger Flächenabtrag, Muldenfraß, Lochfraß und interkristalline Korrosion.

12 Spaltkorrosion entsteht durch Belüftungselemente, z. B. bei einer Verschraubung zwischen einer nicht fest aufliegenden Unterlegscheibe und dem Blech, dabei ist der innere, unbelüftete Bereich die Anode und wird angegriffen.

13 Bimetall-(Kontakt-)Korrosion tritt bei elektrisch leitend verbundenen Teilen verschiedener Metalle auf, wenn sie mit einem Elektrolyten in Berührung kommen. Das in der Spannungsreihe negativere Metall ist Anode und wird korrodiert.
Beispiel: Messingschraube in Aluminiumblech.

14 Rost ist aus Schichten aufgebaut, die aus den Oxiden und Hydroxiden des Eisens (II- und III-wertig) bestehen. Sie entstehen nacheinander durch die Einwirkung von Feuchtigkeit und Luftsauerstoff.

15 Deckschichten können, wenn sie dicht, festhaftend und gleichmäßig aufgebaut sind, die Korrosion verlangsamen und evtl. zum Stillstand bringen. Sie sind dann ein Korrosionsschutz. Wenn sie lückenhaft ausgebildet sind, können Korrosionselemente entstehen.

16 Spannungsrisskorrosion, Schwingungsrisskorrosion.

17 Legierungssysteme, die Passivschichten ausbilden können (z. B. Cr-Ni-Stahl), wenn die Passivschicht bedingt durch die Zusammensetzung des Elektrolyten (z. B. Chloride) lokal durchbrochen wird.

18 a) Freiluftkonstruktionen mit vollständigem Wasserablauf ohne „Wassersäcke",

b) bei Montage verschiedener metallischer Werkstoffe muss isoliert werden, es darf keine leitende Verbindung zwischen ihnen bestehen.

19 Die korrosionsbeanspruchte Oberfläche möglichst homogen, glatt und rein halten, Eigenspannungen evtl. durch Spannungsarmglühen vermindern oder korrosionsbeständigere Werkstoffe wählen.

20 Das zu schützende Bauteil wird elektrisch zur Kathode:

a) durch ein unedleres Metall in der Nähe (Opferanode),

b) durch eine äußere Gleichstromquelle wird ein Schutzpotential aufrecht erhalten, als Anode dienen hier beständige Fe-Si-Platten, Graphitblöcke, Stahlschrott oder Platin.

21

Schichtart	Beispiel
Aufbringen aus Schmelzen	Feuerverzinkung, -verbleiung
Thermisches Spritzen	Flamm- und Lichtbogenspritzen von Al99,5
Plattieren	Guss-, Walz-, Explosiv- und Schweißplattieren
Umwandlungsschichten	Phosphatieren, Chromatieren
Diffusionsschichten	Inchromieren (Cr), Alitieren (Al)
Auskleiden	Streichen oder Spachteln von Gießharz auf Behälterinnenseiten

22

Metall	Anode	Kathode	Abtragung bei	Metall	Anode	Kathode	Abtragung bei
Zn	×		×	**Sn**		×	
Fe		×		**Fe**	×		×

23 Sauerstoffverarmung im Spalt führt zur lokalen Auflösung der Passivschicht und dadurch zur Bildung einer Anode im Spalt → verheerende Metallauflösung.

24 a) Bevorzugter Korrosionsangriff an Korngrenzen.

b) CrNi-Stähle mit zu hohem Kohlenstoffgehalt, der nicht durch Ti oder Nb abgebunden ist.

c) Schweißen → Karbidausscheidung an den Korngrenzen → Chromverarmung → Unbeständigkeit der Passivschicht.

25 Unter Ablagerungen kommt es im Elektrolyt zu Sauerstoffverarmung → Spaltkorrosion.

13 Überlegungen zur Werkstoffauswahl

1

Werkstoff	Verwendung	Begründung
42CrMo4	Maschinenschraube	Formgebung durch Rollen oder Drehen, Festigkeit und Zähigkeit durch Vergüten
GJS-600-3	Kolben für Dieselmotor	Komplexe Gestalt, Festigkeit und Zähigkeit garantiert
HS6-5-2	Gewindebohrer	Schnellarbeitsstahl, hohe Härte bei erhöhter Temperatur
TiAl6V4	Flugzeugflügel	Sehr hohe Festigkeit bei relativ niedriger Dichte
G-AlSi12	Getriebedeckel	Komplexe Gestalt, leicht, niedrige Festigkeitsanforderungen
X5CrNi18-10	Spülbecken	Korrosionsbeständig, sehr hoch umformbar
S355J2	Portalkran	Schweißgeeignet, angemessene Festigkeit und Zähigkeit
PS	Joghurtbecher	Lebensmittelbeständig, sehr leicht, leichte Herstellung, rezyklierbar

2   Alle unten verwendeten Werkstoffe müssen korrosionsbeständig und gasdicht sein sowie leicht formbar und rezyklierbar. Der Preis des Behälters muss deutlich kleiner als der des Inhaltes sein. Alle vier folgenden Werkstoffe erfüllen die Anforderungen.

© Springer Fachmedien Wiesbaden 2016   189
W. Weißbach und M. Dahms, *Aufgabensammlung Werkstoffkunde*,
DOI 10.1007/978-3-658-14474-6_27

Werkstoff	Vorteile	Nachteile
PET	Sehr niedrige Dichte, sehr einfache Formgebung durch Blasformen	Zerkratzt leicht, nicht so dicht gegen Flüssigkeiten und Gase wie die anderen Werkstoffe → begrenzte Mehrwegfähigkeit
Glas	Sehr einfache Ausgangsstoffe, extreme Mehrwegfähigkeit	Aufgrund der Sprödigkeit große Wanddicke erforderlich → hohe Verpackungsmasse
Aluminium	Niedrige Dichte	Nur Einwegverpackung, hoher Energieaufwand bei der Herstellung, beim Recycling Sortenreinheit erforderlich
Weißblech (Stahl, Sn-beschichtet)	Recycling sehr einfach im allgemeinen Stahlschrott	Nur Einwegverpackung, Beschädigung der Zinnschicht z. B. durch Beulen führt zu Korrosion

3 Ein Transportbehälter muss eine hohe Festigkeit, Steifigkeit und Zähigkeit besitzen, damit seine Langlebigkeit garantiert werden kann. Dadurch fallen PET, Glas und Weißblech als mögliche Werkstoffe aus. Außer Aluminium ist CrNi-Stahl ein möglicher Werkstoff, da der hohe Preis bei einem Bauteil für den Dauergebrauch nicht so ins Gewicht fällt wie bei einem Verpackungswerkstoff.

4 Verwendbar: Aluminiumlegierungen (niedrige Dichte, mittlere Steifigkeit), Stahl (mittlere Dichte, hohe Steifigkeit), CfK (niedrige Dichte, hohe Steifigkeit).
nicht verwendbar: Polymere (zu niedrige Steifigkeit), Glas/Keramik (zu spröde).

5 a) hohe Härte auch bei erhöhter Temperatur.
   b) Schnellarbeitsstahl, Sinterhartmetall, Keramik.

6 a) Festigkeit und Zähigkeit.
   b) Vergütungsstahl.
   c) Titanlegierungen, deutlich teurer als Vergütungsstahl.

7 a) Festigkeit und niedrige Dichte.
   b) Glasfaserverstärkter Kunststoff (GFK).
   c) Flügelträger Stahlrohr (Festigkeit und Steifigkeit), Flügelkörper Aluminiumprofil (Flügelform und niedrige Masse).

8 a) niedrigere Dichte, höhere Korrosionsbeständigkeit.
   b) niedrigere Steifigkeit, niedrigere Festigkeit, höherer Preis (Energieaufwand zur Herstellung des Aluminiums).
   c) Magnesium: noch niedrigere Dichte, geringere Korrosionsbeständigkeit, Tiefziehen schwierig (hexagonale Kristallstruktur).
   CFK: hohe Steifigkeit und Festigkeit, hoher Preis, geringe Schadenstoleranz, Reparatur schwierig.

14 Werkstoffprüfung

14.1 Aufgaben, Abgrenzung

1 Prüfung von/auf	Beispiel
Chemische Zusammensetzung	Spektralanalyse, Mikrosonde
Gefüge	Metallographie, Rasterelektronenmikroskopie
Eigenschaften	Zugversuch, Kerbschlagbiegeversuch
Fehlersuche	Ultraschallprüfung, Magnetprüfung
Schadensanalyse	Evtl. alle oben genannten Verfahren

2 Zerstörende Prüfung: Forschung und Entwicklung, stichprobenartige Produktionskontrolle bei Halbzeugen (Probenabschnitte) und Großserien.
Zerstörungsfreie Prüfung: Produktionskontrolle bei Einzelstücken und 100 %-Überwachung bei Großserien.

14.2 Prüfung von Werkstoffkennwerten

1 Die Probe muss repräsentativ für das ganze Bauteil sein. Deshalb muss die Probe an bestimmten Stellen und ohne Veränderung des Gefüges entnommen und weiterbearbeitet werden, d. h. sie darf z. B. *keine Erwärmung* oder *Kaltverformung* erleiden.

2 a) Die Belastung wird schnell aufgebracht und danach bis zum Ende des Versuches *konstant* gehalten oder sie wird langsam bis zum Höchstwert gesteigert.
   b) Die Belastung *schwankt* längere Zeit periodisch zwischen zwei Grenzwerten oder sie ist *schlagartig.*

3 a) Härteprüfungen nach Brinell, Vickers und Rockwell, Zugversuch, Zeitstandversuche.
   b) Dauerschwingversuch, Kerbschlagbiegeversuch, Rücksprunghärtemessung.

© Springer Fachmedien Wiesbaden 2016
W. Weißbach und M. Dahms, *Aufgabensammlung Werkstoffkunde*,
DOI 10.1007/978-3-658-14474-6_28

14.3 Mechanische Eigenschaften bei statischer Belastung

1   Zugfestigkeit R_m, Streckgrenze R_e oder 0,2-%-Dehngrenze $R_{p0,2}$, Elastizitätsmodul E, Bruchdehnung A, Brucheinschnürung Z.

2   Zugprobe, bei der die Messlänge L_0 (Abstand der Messmarken) das 5-fache des Probendurchmessers d beträgt.

3   a) Die Zugkraft an der Probe ist über der Verlängerung der Probe aufgetragen.

    b) Die Ordinate wird durch eine Konstante, den ursprünglichen Probenquerschnitt S_0, geteilt, damit ergibt sich die rechnerische Nennspannung σ. Die Abszisse wird durch eine andere Konstante, die ursprüngliche Messlänge L_0, geteilt. Damit ergibt sich die Dehnung ε und man erhält das Spannungs-Dehnungs-Diagramm.

4   a)

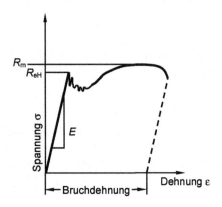

    b) E Elastizitätsmodul; R_e Streckgrenze; R_m Zugfestigkeit; A Bruchdehnung.

    c) Z Brucheinschnürung.

    d) E: (Knick-)Steifigkeitsberechnungen, R_e: Festigkeitsberechnungen (mit Sicherheits-faktor); R_m: Sicherheit gegen Bruch bei Überlastung; A: Kaltverformbarkeit (z. B. beim Biegen); Z: Sicherheit gegen Versagen ohne Vorwarnung.

5   Für Werkstoffe, deren Kennlinie von der Hooke'schen Geraden ohne erkennbares Zwischenmaximum oder „Nase" ansteigt (nicht oder schwach erkennbare Streckgrenze). Es ist eine der Streckgrenze gleichwertige Festigkeitsangabe, d. h. die Spannung, welche im Probstab eine festgelegte, minimale, plastische Verlängerung (0,2 % von L_0) hervorruft. Dies sind insbesondere alle kfz-Werkstoffe, also Al, Cu, CrNi-Stahl.

6   a) $R_m = 597\,\text{N/mm}^2$; $R_e = 438\,\text{N/mm}^2$; $A = 20{,}0\,\%$; $Z = 30{,}4\,\%$.

    b) S355.

7   a) $F = 28{,}3\,\text{kN}$.

    b) $\Delta L = 0{,}06\,\text{mm}$ mit $L_0 = 30\,\text{mm}$.

8   a) 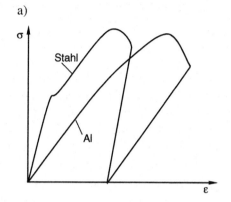   b)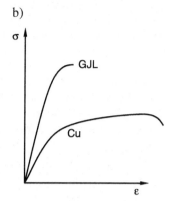

9

Kurve	Zustand
1	Normalisiert
2	Vergütet
3	Gehärtet

(1) Normalisierter Zustand mit niedriger Streckgrenze und Zugfestigkeit aber hoher Bruchdehnung.

(2) Vergüteter Zustand mit erhöhter Streckgrenze und Zugfestigkeit bei noch deutlicher Bruchdehnung.

(3) Gehärteter Zustand mit sehr hoher Festigkeit (und Härte), keine merkliche Bruchdehnung (sehr spröde).

10   Durch die Dehnung im Zugversuch kommt es zur Kaltverfestigung. → Die Spannung zur weiteren Verformung muss weiter ansteigen.

11   a)   212 GPa.

     b)   ferritischer, unlegierter Stahl oder eine Nickellegierung.

     c)   3-mal größer, da der E-Modul von Aluminium 1/3 von 212 GPa beträgt.

     d)   unlegiertes Aluminium nicht, da 15 kN einer Spannung von 191 MPa entspricht. Kaltverfestigtes oder ausgehärtetes legiertes Aluminium kann die Spannung i. d. R. ohne plastische Verformung ertragen.

12   Flachzugprobe.

13   Bruchspannung σ_B oder Streckspannung σ_Y.

14   über die temperaturabhängige Durchbiegung eines rechteckigen Probekörpers unter konstanter Last.

14.4 Dynamische Belastung

1   Der Verformungsbruch: Das Bauteil bricht erst nach starker sichtbarer plastischer Verformung, was bei einer Überbeanspruchung z. B. Möglichkeiten der Notabschaltung eröffnet.

2   Ja, wenn z. B. in der Fertigung verformungsloses Trennen gewünscht ist, z. B. beim
    Glaser.

3

a	b	c	d	e	f
V	T	T	T	T	T

4   a) Mit der *Arbeit,* die zum Zerbrechen einer Probe aufgebracht werden muss.

    b) Zäh ist ein Werkstoff, der unter ungünstigen Bedingungen erst nach starker Ver-
       formung bricht. Erst dann ist eine große Arbeit zum Zerbrechen notwendig.

5   *Raumgittertyp:* kfz., krz., hdP, kompl., *Gefügeaufbau:* homogen/heterogen bzw.
    gleichmäßig/ungleichmäßig. *Spannungszustand:* einachsig/mehrachsig.

6   a) Zugproben im Zugversuch bis zur Einschnürung, Zugstäbe.

    b) Bleche von Druckbehältern.

    c) Achsen und Wellen mit Nuten und Absätzen.

7   *Zugversuch:* einachsige Beanspruchung bis zum Beginn der Einschnürung, quer dazu
    keine Verformungsbehinderung, Werkstoff bricht zäh. Bruchdehnung und Bruchein-
    schnürung entsprechen den Normen.
    Kerbschlagbiegeversuch: dreiachsige Beanspruchung, starke Verformungsbehinde-
    rung, Werkstoff bricht spröde; Kerbschlagarbeit(-zähigkeit) gering.

8   a) Bei *längerer* Verformungszeit können mehr Versetzungen weiter wandern, die
       Verformungsarbeit vor dem Bruch ist größer. Da Versetzungen sich **maximal**
       mit Schallgeschwindigkeit bewegen können und erhöhte Verformungsgeschwin-
       digkeit erhöhte Spannungen voraussetzt kommt es bei *kurzer* Verformungszeit
       (Schlag) zu einer erhöhten Wahrscheinlichkeit von Trennbruch, d. h. schlagartige
       Belastung fördert ein sprödes Bruchverhalten.

    b) Beschränkung des verformten Werkstoffvolumens auf den Kerbenbereich (da-
       durch erhöhte lokale Verformungsgeschwindigkeit), Erzeugung eines dreiachsi-
       gen Spannungszustandes.

9   Mit einem Pendelschlagwerk an einer genormten Probe.

10 a) (1) Annähernd konstant.

       (2) Steilabfall zu tiefen Temperaturen, zu sehr hohen Temperaturen kontinuierli-
           cher Abfall.

    b) Mit der Übergangstemperatur.

    c) Sie hängt von seiner Reinheit und seinem Gefüge ab.

    d)

1	b
2	c
3	a

11 Stähle mit Anhängebuchstaben JR müssen die Kerbschlagarbeit $A_v = 27\,\text{J}$ bei $+20\,°\text{C}$,
    die mit Anhängebuchstaben J2 bei $-20\,°\text{C}$ besitzen.

12 Durch Vergüten, d. h. Abschrecken von über A_{c3} in Wasser und Anlassen auf $600\,°\text{C}$.

13 a) Trennungsbruch,
    b) Verformungsbruch.
14 a)

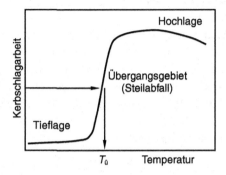

b) Hochlage: Bereich des Verformungsbruches, Tieflage: Bereich des Sprödbruches, Steilabfall: Übergang Hochlage/Tieflage, mit der Übergangstemperatur ($T_{ü}$) verbunden.
c) Weil man daraus die Übergangstemperatur bestimmen kann. Die Betriebstemperatur eines Bauteils sollte im Bereich der Hochlage liegen.

14.5 Zyklische Belastung

1 a) Maximale Spannungsamplitude, nach der auch nach z. B. 10^7 Lastwechseln (Stahl) kein Bruch auftritt.
   b) Mit Dauerschwingversuchen, z. B. mit dem Umlaufbiegeversuch.
2 Erhöhen: glatte Oberfläche, verfestigte Oberfläche.
   Erniedrigen: raue Oberfläche, Kerben, korrosive Umgebung.
3 Mit der Wöhlerkurve.

14.6 Messung der Härte

1 a) Härte ist der Widerstand des Gefüges gegen das Eindringen eines härteren Prüfkörpers.
   b) (1) Die Härte eines Werkstoffes hängt von seinem Gefüge (Wärmebehandlung) und seiner Zusammensetzung ab, deswegen lässt sich aus der Härte unter bestimmten Voraussetzungen auf den Gefügezustand bzw. die Zusammensetzung schließen.
       (2) Es ist keine besondere Probe nötig, am Werkstück entstehen nur unwesentliche Eindrücke.
   c) Je kleiner der Eindruck, umso kleiner muss die Rautiefe sein.

2 a) Hartmetallkugel von 1; 2,5; 5 und 10 mm Durchmesser; Kräfte von Kugeldurch-
       messer und Werkstoff abhängig, in Stufen genormte Werte; Durchmesser des
       Kugeleindrucks; Brinellhärte ist der Quotient aus Prüfkraft durch Eindruck-(Ka-
       lotten-)Oberfläche,
   b) vierseitige Diamantpyramide mit 136° Spitzenwinkel; Prüfkraft beliebig, jedoch
       feste Werte nach Norm; Diagonale des Pyramideneindrucks. Vickershärte ist der
       Quotient aus Prüfkraft durch Eindruck-(Pyramiden-)oberfläche.
   c) Stahlkugel (HRB) mit ca. 1,6 mm Durchmesser bzw. Diamantkegel mit 120° Spit-
       zenwinkel (HRC); Prüfkraft konstant, als Prüfvor- und Prüfkraft in zwei Teilen
       aufgebracht. Härtewert ist der bleibenden Eindringtiefe (unter der Prüfvorkraft
       gemessen) umgekehrt proportional.

3

Aufgabe	a)	b)	c)
Belastungsgrad C	2,5	10	5
D in mm	5	2,5	5
F in N	613	613	1225

   d) Die Kugel muss den Werkstoff verdrängen, er verformt sich plastisch. Dabei wird
       er in dünnen Proben durch den Widerstand der meist gehärteten Unterlage behin-
       dert. Die dadurch erhöhte Kaltverfestigung liefert größere Härtewerte. Deshalb
       soll die Probendicke s das 10-fache der Eindringtiefe der Kugel betragen (das 17-
       fache bei Schiedsversuchen).

4 $F = 7355$ N; 285 HBW 5/750.

5 a) Für Stoffe mit einer Härte über 450 HBW. Hierbei wird infolge der Abplattung
       der Kugel (elastische Verformung) ein größerer Eindruck erzeugt, damit ein wei-
       cherer Werkstoff vorgetäuscht. Zusätzlich ist das Ausmessen der flachen, kleinen
       Kalotte mit größeren Messfehlern behaftet.
       Für dünne Randschichten, weil der relativ große Kugeleindruck die tieferliegen-
       den Schichten kaltverfestigt.
   b) Für Werkstoffe mit heterogenem Gefüge mit Phasen von stark unterschiedlicher
       Größe und Härte (Grauguss, Lagermetalle). Die 10-mm-Kugel trifft mit Wahr-
       scheinlichkeit alle Phasen, es wird ein Mittelwert gemessen.
   c) Zur Kontrolle der Zugfestigkeit von Stählen bis zu max. 1500 N/mm^2 = 430 HBW
       nach $R_m \approx 3,5$ HBW.

6 a) Diagonale $d = 0,2557$ mm.
   b) (1) Kleinkraftbereich mit Kräften von 1,96...49 N für Messung dünner Rand-
          schichten, runde Teile mit kleinen Radien, dünner Bänder und Folien.
       (2) Mikrohärtemessung mit Kräften unter 1 N für einzelne Gefügebestandteile,
          für sehr spröde, harte Stoffe, die bei größeren Eindrücken zerspringen würden,
          galvanische Schichten.
   c) Es ist das Verfahren der höchsten *Genauigkeit*, kombiniert mit dem *breitesten*
       Messbereich.

7 a) Prüfvorkraft $F_0 = 98\,\mathrm{N}$ wird aufgebracht. Prüfkörper dringt sehr wenig in das Werkstück ein. Messgerät muss danach Null anzeigen. Prüfkraft $F_1 = 1373\,\mathrm{N}$ wird aufgebracht. Der Prüfkörper dringt unter der Prüfgesamtkraft $F = 1471\,\mathrm{N}$ weiter ein. Das Messgerät zeigt plastische und elastische Eindringtiefe an. Wegnahme der Prüfkraft F_1. Diamant drückt mit F_0 auf die Probe. Messgerät zeigt jetzt weniger, d. h. nur die bleibende Eindringtiefe t_b an. Rockwellhärte kann direkt abgelesen werden.

 b) Werkstoffe unter 20 HRC und über 70 HRC aus Gründen der Genauigkeit, Werkstücke und Schichten unter 0,7 mm Dicke wegen der Wirkung der Auflagefläche ($\rightarrow$ Antwort 3d).

 c) $\mathrm{HRC} = (100 - 500) \cdot 0,9 = 55$, die Härte beträgt 55 HRC.

 d) Schnelle Messung mit *direkter* Ablesung des Härtewertes.

8

a	b	c	d	e	f	g	h
HBW	HRC	HBW, HRC	HRC, HV	HV	HV	HBW	HBW

9 a) Vickers-Verfahren bei Kräften zwischen 98 N. . . 980 N.

 b) Rockwell-Verfahren.

 c) Brinell-Verfahren.

10 ca. 700 N/mm^2.

11 a) Eindrucktiefe, vergleichbar Rockwell-Prüfung.

 b) Kunststoffe.

14.7 Thermische Verfahren

1 a) Thermo-Gravimetrie-Analyse.

 b) Kunststoffe.

 c) insbesondere Verdampfung, Zersetzung, Reaktionen mit der Umgebung.

2 a) DSC (differential scanning calorymetry).

 b) Temperaturen von Phasenumwandlungen (insbesondere Kristallisation), Umwandlungsenthalpien.

3 mit der DMA (dynamisch-mechanische Analyse).

14.8 Prüfung von Verarbeitungseigenschaften

1 Überprüfung der rissfreien Biegbarkeit eines Stahles.

2 Es wird die Tiefziehfähigkeit von Blechen qualifiziert.

3 a) Aufhärtbarkeit und Durchhärtbarkeit eines Stahles.

 b) Vergütungsstähle, Einsatzstähle.

14.9 Untersuchung des Gefüges

1   Schleifen, Polieren, Ätzen.
2   Bruchflächen.
3   Korngrenzen, Phasengrenzen, Einschlüsse. Es kann sowohl die Form als auch die Größe bestimmt werden.
4   Rasterelektronenmikroskopische Proben können massiv sein. Proben für das Transmissionselektronenmikroskop müssen immer sehr dünn sein, damit sie durchstrahlt werden können.
5   Weil größte Vergrößerungen bzw. höchste Auflösungen (bis hinunter zu 1 nm) erreicht werden können.

14.10 Zerstörungsfreie Werkstoffprüfung und Qualitätskontrolle

1   a) Penetrieren (Eindringverfahren), Magnetische Prüfungen, Wirbelstromprüfung, Ultraschallprüfung, Röntgen-/Gammastrahlenprüfung.
    b) Penetrieren: nur auf Oberflächenrisse anwendbar.
        Durchstrahlung: nur auf Innendefekte anwendbar.
        Ultraschall: auf beides anwendbar.
        Magnetische Prüfungen: auf Oberflächendefekte anwendbar, Innendefekte nur, wenn sie dicht unter der Oberfläche liegen.
        Wirbelstrom: wie magnetische Prüfungen.
2   a) Es entstehen sichtbare farbige Markierungen an den Rissen (optische Rissverbreiterung).
    b) Es können grundsätzlich alle Werkstoffgruppen untersucht werden. Poröse Werkstoffe sind problematisch (Markierung der Poren).
3   a) Für ferromagnetische Werkstoffe, insbesondere für krz-Eisenlegierungen (z. B. Baustähle).
    b) Feldlinien müssen quer zum Defekt verlaufen.
4   Kurzer Gleichstromimpuls in Rohrlängsrichtung führt zu kreisförmigen Magnetfeldlinien, die Längsrisse senkrecht schneiden.
5   Für Vergleichsprüfungen.
6   Anlegen einer hochfrequenten Wechselspannung ($> 200\,kHz$) an einen Piezokristall.
7   Je höher die Prüffrequenz, desto kleiner ist der kleinste erkennbare Fehler.
8   Aus der Laufzeit des Fehlerechos. Zusätzlich muss die Schallgeschwindigkeit im Werkstoff bekannt sein.
9   Durch Vergleich mit dem Rückwandecho bei bekannter Werkstückdicke.
10 Es muss mit einem Winkelprüfkopf passend zum Öffnungswinkel der V-Naht gearbeitet werden.
11 a) Abbremsen von schnellen Elektronen.
    b) Kernzerfall.

12 Je kleiner die Wellenlänge, desto größer ist die prüfbare Werkstückdicke.

13 Durch Filmaufnahmen, Leuchtschirm. Elektronische Verstärkung und Computerverarbeitung sind möglich.

14 Mittels genormter Drahtstege. Der dünnste noch erkennbare Draht legt die Bildgüte fest.

15 Schweißnahtprüfung, Gussteile, Revisionsuntersuchungen.

14.11 Überprüfung der chemischen Zusammensetzung

1 Sie muss metallisch sein, eine ebene Fläche von mindestens 15 mm Durchmesser haben und die Legierung sollte grob bekannt sein (Notwendigkeit der Kalibration).

2 Sie sollte metallisch sein und so klein, dass sie in die Kammer eines REM passt. Es können völlig unbekannte Proben analysiert werden (standardfreie Analyse).

3 Nichtmetalle, da sie nicht elektrisch leitfähig sind; organische Werkstoffe, da sie überwiegend aus leichten Elementen bestehen.

Übungsklausur. Zeit: 90 Minuten

1 Warum ist Feinkörnigkeit in der Regel bei metallischen Werkstoffen erwünscht? *2 P*

2. a) Erläutern Sie den Begriff *Versetzungsdichte*. *2 P*

   b) Was bewirkt eine sehr niedrige Versetzungsdichte in einem Metall (Begründung)? *3 P*

   c) Wie erniedrigt man die Versetzungsdichte in einem Metall? *2 P*

   d) Wie nennt man den Zustand sehr niedriger Versetzungsdichte bei Aluminium? *2 P*

   e) Nennen Sie ein Beispiel, wo dieser Zustand in der technischen Praxis ausgenutzt wird. *1 P*

   f) Nennen Sie ein Beispiel, wo er in der technischen Praxis unerwünscht ist. *1 P*

3. a) Nennen Sie für jeden der folgenden Werkstoffe zwei herausragende Eigenschaften: *16 P*

   S355J2,

   42CrMo4,

   GJS-600-3,

   HS6-5-2,

   PS,

   TiAl6V4,

   G-AlSi12,

   X5CrNi18-10?

   b) Nennen Sie für jeden der oben angeführten Werkstoffe eine typische Anwendung. *8 P*

4. a) Was ist *Aushärtung*? *3 P*

   b) Welche Werkstoffeigenschaften erreicht man bei der Aushärtung (Begründung)? *4 P*

   c) Was passiert, wenn ein ausgehärteter Werkstoff länger bei erhöhter Temperatur eingesetzt wird (Begründung)? *2 P*

© Springer Fachmedien Wiesbaden 2016
W. Weißbach und M. Dahms, *Aufgabensammlung Werkstoffkunde*,
DOI 10.1007/978-3-658-14474-6_29

5. Beurteilen Sie das grundsätzliche Verhalten von homogenen kfz-Mischkristall-Legie-
   rungen beim
   a) Kaltverformen *2 P*,
   b) Gießen *2 P*,
   c) Zerspanen (Begründungen). *2 P*
   d) Wie werden solche Legierungen bevorzugt verarbeitet (Begründung)? *2 P*
   e) Geben Sie ein (Anwendungs-)Beispiel für so eine Legierung. *2 P*
6. Wie unterscheidet sich das ZTU-Diagramm eines übereutektoiden Stahles grundsätzlich von dem eines untereutektoiden Stahles?
7. Vergleichen Sie Elastomere und Duromere miteinander hinsichtlich
   a) Aufbau, *2 P*
   b) mechanischen Eigenschaften in Abhängigkeit von der Temperatur, *4 P*
   c) Möglichkeiten des Recyclings. *3 P*
8. Welches zerstörungsfreie Prüfverfahren ist geeignet, um Poren in einem Gussteil nach-
   zuweisen (Begründung)? *3 P*

zu 1. Feinkörnigkeit führt zu einer gleichzeitigen Zunahme von Festigkeit und Zähigkeit. *2 P*

zu 2. a) Gesamtlänge aller Versetzungslinien in einem gegebenen Volumen. (Einheit: mm/mm³ = 1/mm²) *2 P*

b) Die Festigkeit sinkt und die plastische Verformbarkeit steigt (Eine sehr niedrige Versetzungsdichte führt dazu, dass sich die Versetzungen in ihrer Bewegung gegenseitig kaum behindern). *2 P*

c) Durch Rekristallisationsglühen, i. d. R. deutlich über der halben Schmelztemperatur, nach einer vorhergehenden hinreichend starken Kaltverformung, d. h. plastischer Verformung deutlich unter der halben Schmelztemperatur *2 P*

d) weichgeglüht, Zustand O *2 P*

e) Kupferringdichtung, z. B. an der Ölablassschraube im Pkw, hat durch seine hohe plastische Verformbarkeit hohes Dichtvermögen. *1 P*

f) Weiches unlegiertes Aluminium ist bei einer Satellitenschüssel für die Belastungen durch Wind und Wetter nicht fest genug. *1 P*

zu 3.

Werkstoff	a) herausragende Eigenschaft	b) typische Anwendung
S355J2	Schweißgeeignet zäh bei tiefen Temperaturen	Stahlbrücke
42CrMo4	Nach Vergütung: fest zäh	Kurbelwelle
GJS-600-3	Komplizierte Formen durch Gießen leicht herstellbar erhöhte Festigkeit	Radnabe
HS6-5-2	Hohe Härte auch bei erhöhter Temperatur	Fräser
PS	Sehr leicht plastisch formbar lebensmittelgeeignet	Joghurtbecher
TiAl6V4	Hochfest, biokompatibel relativ niedrige Dichte	Künstliches Gelenk
G-AlSi12	Sehr komplizierte Formen gießbar bei niedriger Dichte	Getriebegehäuse in einem KFZ
X5CrNi18-10	Korrosionsbeständig plastisch hoch verformbar	Spülbecken

zu 4. a) Wärmebehandlung i. d. R. eines NE-Metalles, bestehend aus Lösungsglühen, Abschrecken und anschließendem Auslagern. *3 P*

b) Hohe Festigkeit bei gleichzeitig niedriger Zähigkeit. Die hohe Festigkeit wird durch die feinen Ausscheidungen erreicht, die sich beim Auslagern bilden (Dispersionsverfestigung). Die niedrige Zähigkeit resultiert aus der starken Behinderung der Versetzungsbewegung. *4 P*

c) Der Werkstoff verliert an Festigkeit aufgrund von Ausscheidungsvergröberung. *2 P*

zu 5. a) Grundsätzlich ist der homogene kfz-Mischkristall plastisch verformbar, da keine Phasengrenzen als Versetzungshindernisse wirken. *2 P*

b) Je nach Breite des heterogenen Gebietes zwischen Liquidus- und Solidustemperatur tendieren gegossenen Mischkristall-Legierungen zu mehr oder weniger starken Seigerungen, da im diesem Gebiet Schmelze und Mischkristall unterschiedliche Zusammensetzungen haben. *2 P*

c) Das homogene Gefüge ergibt einen Fließspan, da spanbrechende Phasen fehlen. *2 P*

d) Homogene kfz-Legierungen werden aufgrund ihrer plastischen Verformbarkeit bevorzugt als Knetlegierungen verwendet. *2 P*

e) AlMg4.5Mn0.7 für die Behälterbleche in Silofahrzeugen *2 P*

zu 6. Statt der Gleichgewichtslinie A_{c3} muss es eine Gleichgewichtslinie A_{cc} geben, unterhalb derer es zu Zementitausscheidung kommt. *1 P*
Es gibt keinen Bereich der Ferritbildung, dafür einen Bereich der Zementitbildung. *1 P*

zu 7. a) Duromere und Elastomere bestehen aus dreidimensional vernetzten organischen Molekülen. *1 P*
Duromere sind engmaschig, Elastomere weitmaschig vernetzt. *1 P*

b) Duromere ändern zwischen tiefen Temperaturen und Zersetzungstemperatur ihre mechanischen Eigenschaften kaum. Sie sind immer spröde. *1 P*
Elastomere sind bei tiefen Temperaturen kaum noch elastisch verformbar. *1 P*
Bei Temperaturanstieg bleiben beide plastisch unverformbar, *1 P*
außer die thermoplastischen Elastomere. *1 P*

c) Da Duromere und Elastomere nicht schmelzbar sind, lassen sie sich nur sehr begrenzt rezyklieren (verbrennen, zersetzen, zerschreddern). *2 P*
Bei der Verbrennung von manchen Elastomeren (Gummi) ist zu beachten, dass dabei Schwefeldioxid freigesetzt wird. *1 P*

zu 8. Durchstrahlung mit Röntgen- und Gamma-Strahlung. Poren schwächen die Strahlung nicht. Deswegen wird hinter einer Pore eine stärkere Strahlungsintensität gemessen (Detektor oder Film). Die genaue Tiefenlage einer Pore ist durch Tomographie bestimmbar. *3 P*

Printed in the United States
By Bookmasters